ぜったいデキます！
スマートフォン超入門

Android
対応版

改訂第4版

Imasugu Tsukaeru Kantan Series
SmartPhone Cho-Nyumon Android

技術評論社

本書の使い方

- 操作を大きな画面でやさしく解説！
- 便利な操作を「ポイント」で補足！
- 巻末のQ＆Aでもっと使いこなせる！

解説されている
内容が
すぐにわかる！

どのような操作が
できるようになるか
すぐにわかる！

「設定」の表示

Section 15

「設定」画面を確認する

キーワード 「設定」画面・アカウント・機種による違い

「設定」でスマートフォンを使いやすくする

「設定」画面では、Wi-Fi、壁紙や明るさなどの画面設定、各アプリの情報や端末情報など、Androidスマートフォンの各種設定を確認したり、変更したりすることができます。

「設定」画面では、スマートフォンの設定の確認や変更ができます。

画面上部の🔍をタップして表示された検索欄にキーワードを入力すると、「設定」アプリ内を検索できます。

第3章 使いやすいように設定する

078

- やわらかい上質な紙を使っているので、開いたら閉じにくい!
- オールカラーで操作を理解しやすい!

Contents

第1章　Androidスマートフォンの基本を確認する

第2章　基本操作を確認する

第3章 使いやすいように設定する

第4章 電話を利用する

第5章 メールを利用する

第8章 便利なアプリを利用する

第9章 LINEを利用する

第10章 お悩み解決Q&A

付録 携帯電話会社のサービスやメールを利用する

ご注意：ご購入・ご利用の前に必ずお読みください

- 本書に記載された内容は、情報提供のみを目的としています。したがって、本書を用いた運用は、必ずお客様自身の責任と判断によって行ってください。これらの情報の運用の結果について、技術評論社および著者はいかなる責任も負いません。また、一部、ソフトバンクから提供いただいた機種を使用して検証しています。端末の購入についてはソフトバンクのWebサイトなどをご覧ください。

- ソフトウェアに関する記述は、特に断りのないかぎり、2023年8月現在での最新情報をもとにしています。これらの情報は更新される場合があり、本書の説明とは機能内容や画面図などが異なってしまうことがあり得ます。あらかじめご了承ください。

- 本書の内容については、以下の機器およびOSで制作・動作確認を行っています。他機種とは異なる場合があり、そのほかのエディションについては一部本書の解説と異なるところがあります。あらかじめご了承ください。

  Galaxy S23 SC-51D
  Android 13

- インターネットの情報については、URLや画面などが変更されている可能性があります。ご注意ください。

以上の注意事項をご承諾いただいた上で、本書をご利用願います。これらの注意事項をお読みいただかずに、お問い合わせいただいても、技術評論社および著者は対処しかねます。あらかじめご承知おきください。

Android スマートフォンの基本を確認する

1

この章でできること

- Androidスマートフォンでできることを知る
- Androidスマートフォンの種類を知る
- 本体の各部名称を確認する
- タッチパネルの操作を知る
- Androidスマートフォンの電源を切る

Androidスマートフォンでできること

キーワード　Androidスマートフォンの基本・インターネット・アプリ

◎操作は画面に触ってできる

Androidスマートフォンでは、画面を触って（タッチして）操作を行います。誰でも感覚的に操作することができます。ここでは、Androidスマートフォンを使うとどのようなことができるのかを紹介していきます。

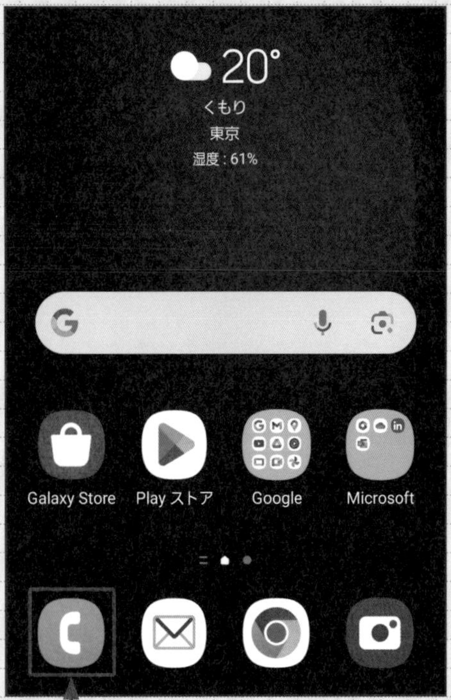

電話のアイコンをタップ（Sec.04参照）します。

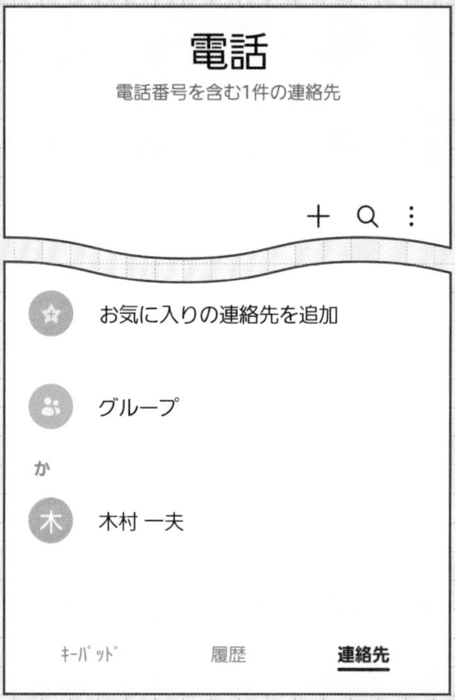

電話をかけたり、通話履歴を確認したりすることができます。

◎インターネットが利用できる

●Chrome

「Chrome」アプリは、Googleが提供する無料のインターネット閲覧(Webブラウザ)アプリです。
インターネットでニュースを見たり、気になった情報を検索したりできます。

◎いろいろなメールを利用できる

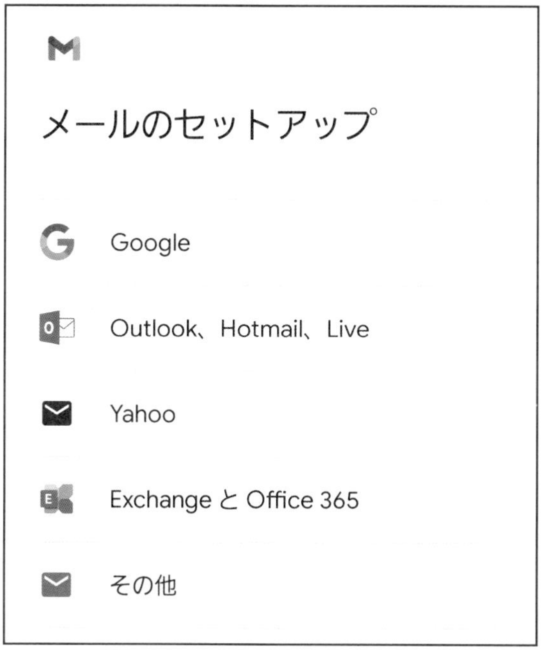

●メール

パソコンで利用しているメールや、携帯電話会社のメールを利用できます。
SMS付きのプランや音声通話対応のSIMカードを契約していれば、「メッセージ」アプリなどでSMSも利用できます。

次へ

◎ 情報を検索できる

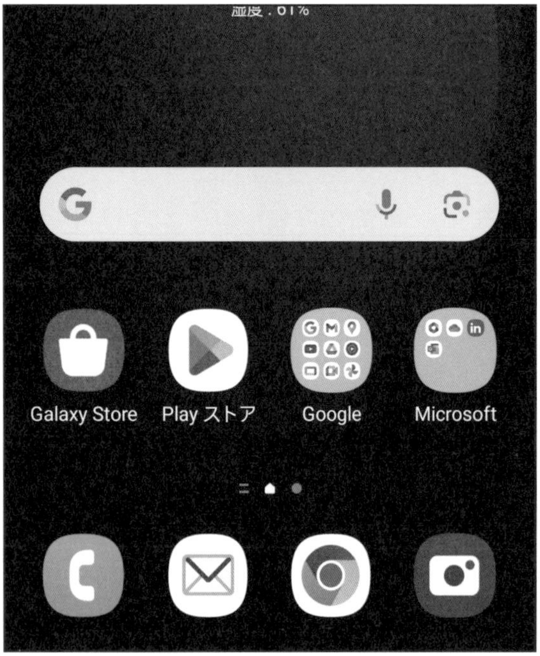

● Google

ホーム画面のGoogle検索欄に検索したい情報を**入力**すれば、Webブラウザが表示され、情報を得ることができます。

◎ 写真や動画を楽しめる

● カメラ

「カメラ」アプリでは、写真や動画を撮影できます。位置情報を有効にしておけば、撮影した写真に撮影場所の情報が付加されます。

◎ スケジュール管理ができる

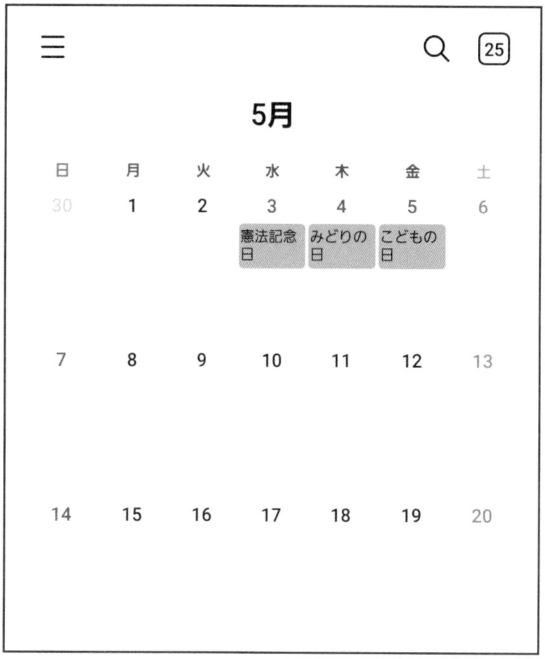

●カレンダー

「カレンダー」アプリでは、予定を管理できます。「月」「週」「日」など、見やすいように表示を変えることもできます。

◎ アプリを追加して機能を増やせる

●Play ストア

Play ストア（Google Play）で提供されているさまざまなアプリを追加することで、スマートフォンの機能を拡張することができます。

終わり

Section 02

Androidスマートフォンの種類を知る

キーワード Androidスマートフォン・キャリア・SIMロックフリー

Androidスマートフォンとは

Androidスマートフォンとは、Googleが提供するスマートフォン向けの基本ソフト(OS)「Android」を搭載したスマートフォンの総称です。Androidスマートフォン以外のスマートフォンには、AppleのiOSを搭載したiPhoneなどがあります。
Androidスマートフォンには、すべてAndroidが搭載されていますが、下図のように、ハードウェアメーカーやキャリアと呼ばれる携帯電話会社によってカスタマイズされています。そのため、同じAndroidスマートフォンでも、機種によって大きさや形、機能、一部の操作が異なります。また、最初から入っているアプリも異なります。

● Androidスマートフォン

キャリアのカスタマイズ	キャリアのサービスを利用するためのアプリなどが、インストールされます。
ハードウェアメーカーのカスタマイズ	ハードウェアを利用するためのアプリなどが、インストールされます。
Android OS	ハードウェアメーカーや、キャリアによってカスタマイズされています。
ハードウェア	スマートフォンのサイズやボタンの位置、ディスプレイの解像度、カメラ性能などが異なります。

下の2つの写真は、どちらもソニーモバイルコミュニケーションズ製のXperia 5 Ⅳという機種です。16ページの図でいえば、ハードウェアメーカーがソニーモバイルコミュニケーションズです。左の写真はNTT ドコモから発売されているXperia 5 Ⅳで、右はauから発売されているXperia 5 Ⅳです。

どちらも購入時の標準状態のホーム画面ですが、画面の様子が異なっています。これは、NTT ドコモでは、画面操作アプリに同社販売のAndroidスマートフォンに共通する「docomo LIVE UX」を、auではXperiaの標準画面操作アプリである「Xperiaホーム」を採用しているためです。画面操作アプリは、アプリ一覧の表示といったスマートフォンの基本操作を行うためのものですが、異なる画面操作アプリでは、一部の操作が異なります。このように、同じXperia 5 Ⅳという機種でも、販売会社によって操作が異なるわけです。

NTTドコモで販売されている「Xperia 5 IV SO-54C」

auで販売されている「Xperia 5 IV SOG09」

コラム 本書で使用しているスマートフォン

本書の手順操作の解説は、Samsung製のSIMロックフリースマートフォン（Galaxy S23 SC-51D）で行っています。機種により、見た目や操作が異なる場合は、その都度解説を付け加えています。

次へ

◎ Androidスマートフォンを利用するには

Androidスマートフォンで、通話やインターネットを利用するためには、ドコモやau、ソフトバンクなどの携帯電話会社（キャリア）や、携帯電話会社の通信インフラなどを借りて回線サービスを提供するMVNO（格安SIM）と呼ばれる通信会社と契約する必要があります。
キャリアの場合、NTTドコモであればドコモショップ、auであればauショップ、ソフトバンクであればソフトバンクショップと呼ばれる、スマートフォンの販売や通信契約を提供する代理店が全国に展開されており、そこやオンラインショップでスマートフォンの購入や通信契約をすることができます。
電話番号などの情報は、「SIMカード」と呼ばれる契約者情報が記録された小型のカードに記録され、これをスマートフォンに装着することで、通話やデータ通信ができるようになります。従来、各キャリアで販売されているスマートフォンは標準で他社のSIMカードを利用できない状態である、「SIMロック」と呼ばれるものがかかっていましたが、2021年10月以降、SIMロックが基本的に解除されており、他社のSIMカードを自由に入れ替えて使用することもできます。また、「eSIM」と呼ばれるスマートフォンにあらかじめ内蔵されているSIMでも、スマートフォンの契約が可能です。SIMカードを入れ替える手間がなく、オンライン上でSIM内の情報を書き換えるだけで他キャリアの利用を開始できます。さらに、SIMカードとeSIMを併用すると、2つの通信回線を使えるデュアルSIMも活用できます（265ページ参照）。

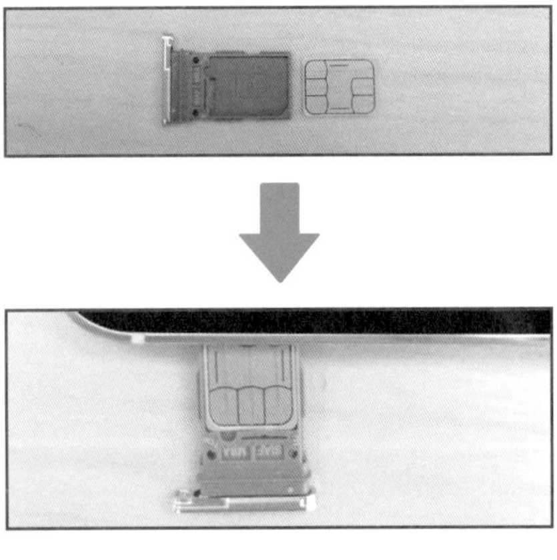

通常のSIMカードは、小さいカード状になっており、SIMカードトレイに装着して、スマートフォン本体に差し込むようになっています。

◎ スマホの利用料は?

NTTドコモやau、ソフトバンクといった従来の携帯電話会社は、自社で通信インフラを持っています。各キャリアで契約した通信契約は、データ量を気にせず利用できる無制限プランやデータを使った分だけ利用料金を支払うプランなど、自分の使い方に合わせたプランを選択します。さらに、ahamo、povo、LINEMOといった、それぞれドコモ、au、ソフトバンクが提供する、最新の格安料金プラン(264ページ参照)もあります。申し込みはオンライン限定となっていて、自社の回線を使用していながらメインブランドよりも低価格で利用できるプランが用意されています。一方、キャリアの通信インフラを携帯電話会社から借りることで、通信サービスを提供しているMVNOと呼ばれる通信会社があります。
これらMVNOは、通信インフラへの投資が携帯電話会社に比べて少なく、その多くは実店舗を持たず、購入前や購入後のサポートも携帯電話会社に比べるとほとんどありません。このように設備やサポートにコストがかからない分を、通信料金に反映させることで、携帯電話会社に比べて安く利用できるため、「格安SIM」や「格安スマートフォン」と呼ばれています。
格安SIMと呼ばれるのは、携帯電話会社が基本的にスマートフォン本体とSIMカードのセット契約なのに対し、MVNOではSIMカードのみの契約もできるためです。ただし、MVNOでもスマートフォン本体を販売しているところもあり、そうした場合はセットで契約することもできます。

● 携帯電話会社(キャリア)

NTTドコモ
au
ソフトバンク
楽天モバイル

● MVNO

IIJmio
mineo
BIGLOBEモバイル
など

MVNOは携帯電話会社から通信インフラを借りることで、携帯電話会社より安価にサービスを提供しています。

終わり

Section 03

スマートフォン各部の役割を理解する

キーワード ▶ 各部名称・役割・機種による違い

◎ 各部名称と役割（前面）

Androidスマートフォンには、電源のオン／オフや音量の調整などを行うキーや、カメラなどが搭載されています。Galaxy S23 SC-51Dを例にスマートフォンの各部の役割を見てみましょう。

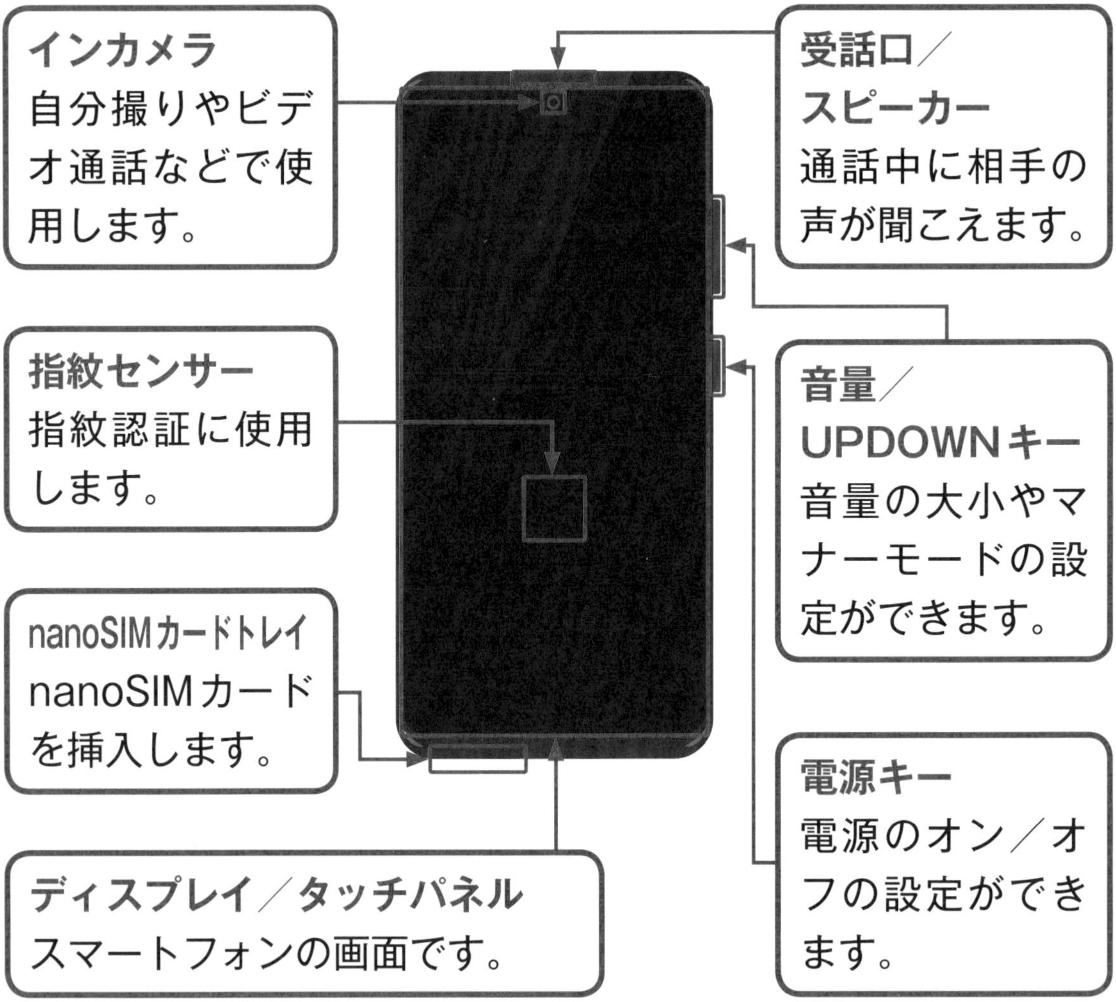
インカメラ
自分撮りやビデオ通話などで使用します。
受話口／スピーカー
通話中に相手の声が聞こえます。
指紋センサー
指紋認証に使用します。
音量／UPDOWNキー
音量の大小やマナーモードの設定ができます。
nanoSIMカードトレイ
nanoSIMカードを挿入します。
電源キー
電源のオン／オフの設定ができます。
ディスプレイ／タッチパネル
スマートフォンの画面です。

◎ 各部名称と役割（背面）

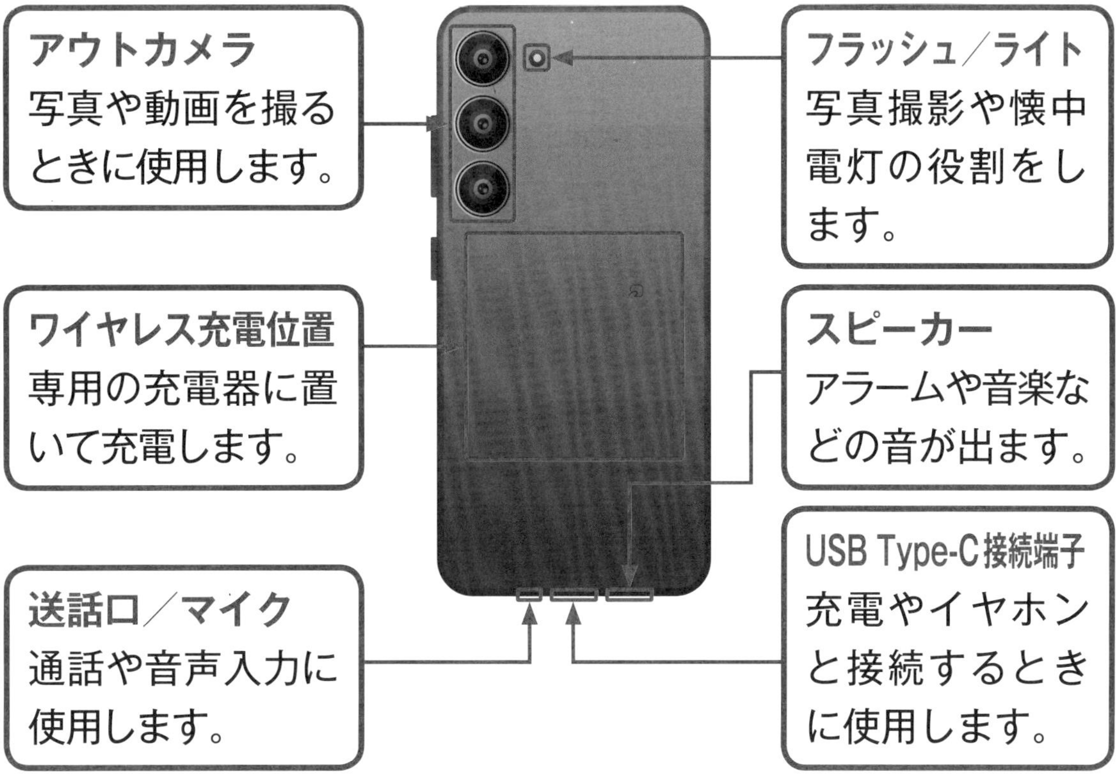
アウトカメラ
写真や動画を撮るときに使用します。
フラッシュ／ライト
写真撮影や懐中電灯の役割をします。
ワイヤレス充電位置
専用の充電器に置いて充電します。
スピーカー
アラームや音楽などの音が出ます。
USB Type-C接続端子
充電やイヤホンと接続するときに使用します。
送話口／マイク
通話や音声入力に使用します。

◎ 機種による違い

機種によって、電源キーや音量キーなどの位置が異なります。

● AQUOSシリーズの例

● Google Pixelシリーズの例

終わり

Section
04 タッチ操作を確認する

キーワード タップ・ドラッグ・スワイプ

◎画面に触れる操作の種類

Androidスマートフォンを操作するためには、画面に表示されているアイコンに指で軽く触れたり、指でなぞったりなど、さまざまな操作方法があります。操作の名称と内容を確認しておきましょう。

●タップ

画面を指先で軽く触れて、すぐ離します。

●ドラッグ

画面を指先でなぞるように動かします。

●ダブルタップ

タップをすばやく2回行います。

●フリック／スワイプ

画面を指先で軽く払うように動かします。

●ロングタッチ

画面に指先を触れたままの状態を保ちます。

●ピンチアウト／ピンチイン

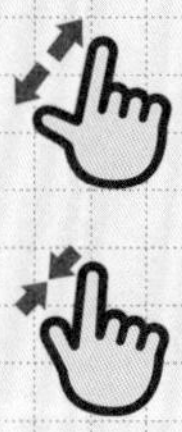

2本の指で画面を触り、開いたり閉じたりします。

◎ タップ

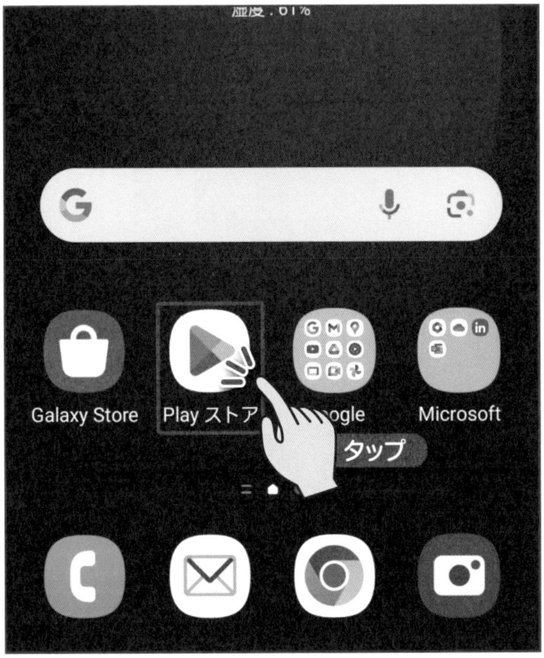

画面を指先で軽く叩くように触れて、すぐに離します。アプリを起動したり、Webサイトで項目を選択したりするときに使います。

◎ ダブルタップ

タップ をすばやく2回行います。
写真や地図を拡大するときなどに使います。

次へ

◎ ロングタッチ

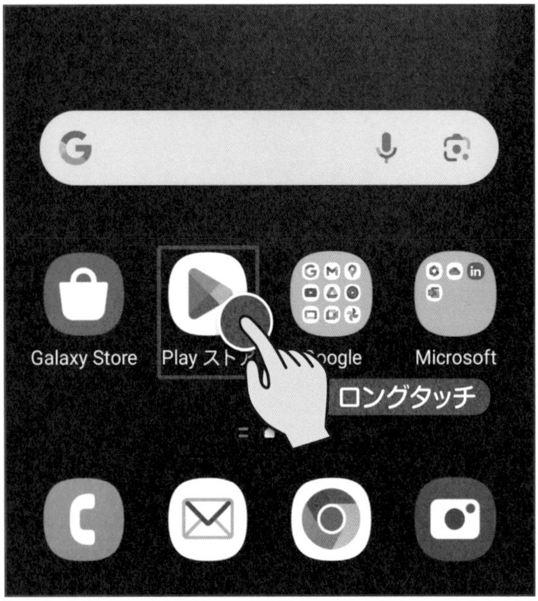

画面に指先を触れたままの状態を保ちます。
アイコンを移動するときや、メニューの表示などに使います。

コラム ロングタッチでメニューを表示する

ロングタッチは、アイコンを移動するときなどに使いますが、メニューの表示にも使われます。たとえば、Webブラウザでリンクをロングタッチすると、Webページを開いたり、リンクをコピーするメニューを表示したりすることができます。また、ホーム画面などでアプリアイコンをロングタッチすると、メニューが表示されます。

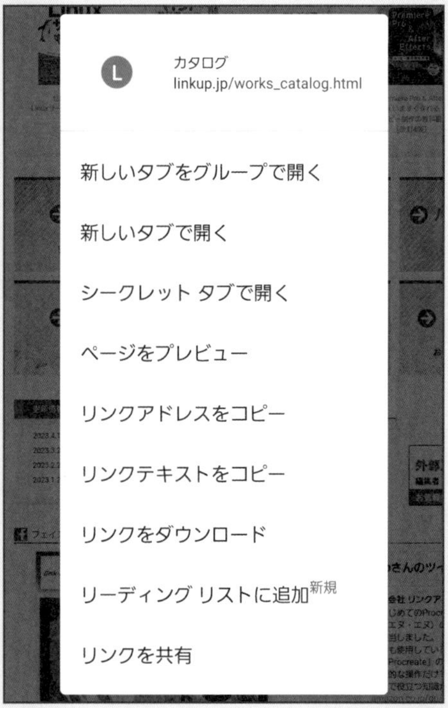

◎ドラッグ

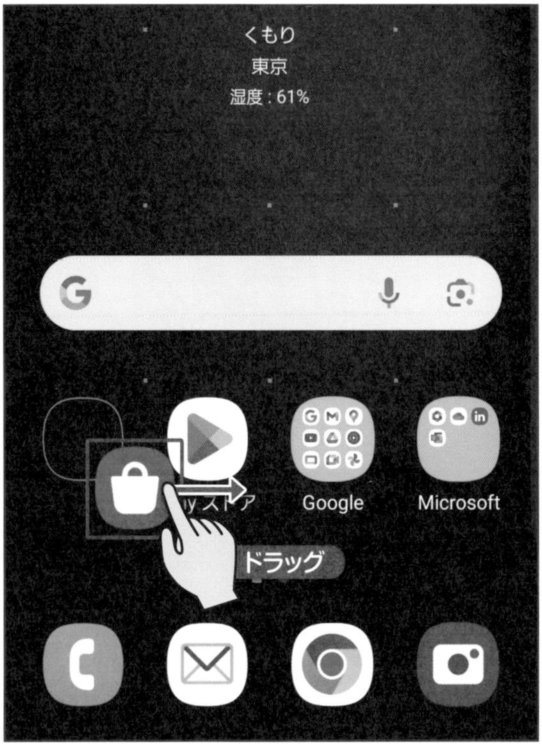

アイコンやバーに触れたまま、特定の位置までなぞって指を離します。
アイコンやバーを移動するときなどに使います。

コラム　地図をドラッグする

ドラッグは、アイコンやバーなどを移動する操作のほかに、地図アプリで活用できます。地図上でドラッグの操作を行うと、地図の表示範囲を移動させせることができます。

◎スワイプ

画面上を指でなぞるように払って操作します。
写真を見るときなど、画面全体を特定の方向にずらすように切り替えたいときに使います。

◎フリック

画面に指先を軽く触れ、そのまま指を離さずに、指をずらしてから離します。
キーボードで文字の**フリック入力**を行うときなどに使います。

ピンチアウト

2本の指を画面に触れたまま指を開きます。
写真や地図を拡大表示したいときなどに使います。

ピンチイン

2本の指を画面に触れたまま指を閉じます。
写真や地図を縮小表示したいときなどに使います。

終わり

Section 05

画面を表示する

キーワード 電源キー・ホーム画面・ロック画面

◎電源キーで表示する

スマートフォンの電源をオンにし、ホーム画面を表示させる方法を知っておきましょう。スマートフォンを使えるようにするためには、本体の電源キーを押して操作を行います。

電源をオンにし、ロック画面を解除します。

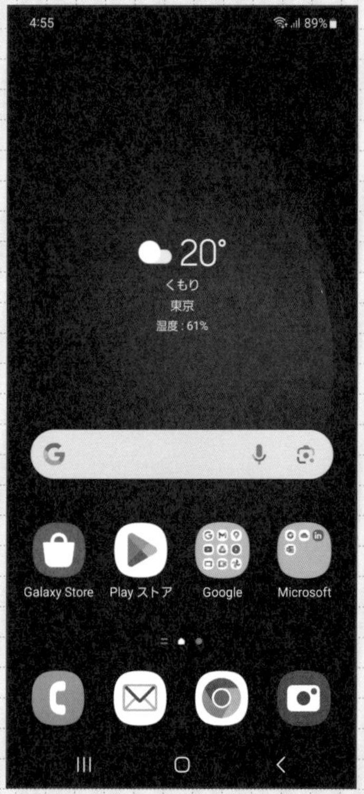

スマートフォンを使う準備ができます。

◎ ホーム画面を表示する

1 電源がオフの状態で、電源キーを長押しします。

ポイント

スリープ状態（32ページ参照）の場合は、電源キーを押します。

2 しばらく待つと電源が入り、ロック画面が表示されます。

ポイント

緊急通報機能の設定をオンにしておくことで、電源キーをすばやく5回以上押せば緊急通報できます（268ページ参照）。

次へ

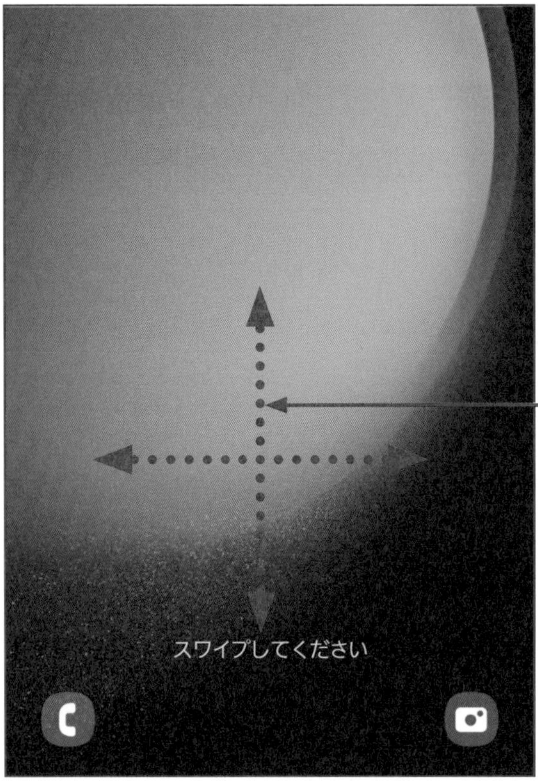

3 画面を上下左右いずれかにスワイプし、ロック画面を解除します。

ポイント

機種によって、ロック画面の解除方法は異なります（31ページ参照）。

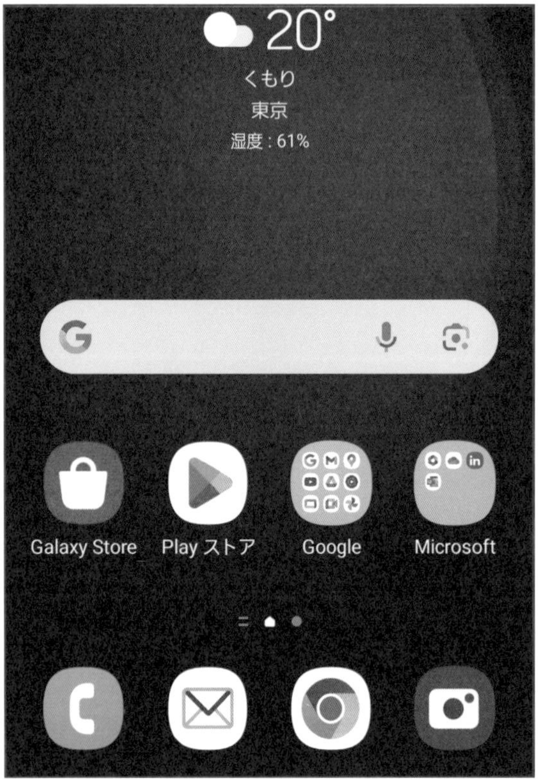

4 ホーム画面が表示され、スマートフォンが利用できる状態になります。

◎ロック画面の種類

●Xperiaシリーズ

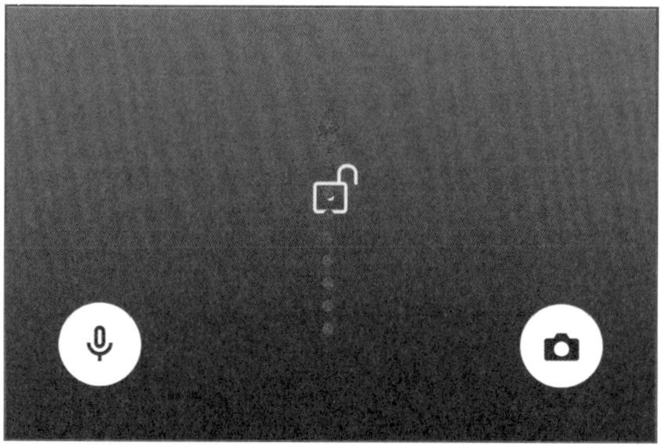

画面を上方向に**スワイプ**すると、ロックを解除できます。

●Galaxyシリーズ

画面を上下左右いずれかに**スワイプ**すると、ロックを解除できます。

●AQUOSシリーズ※

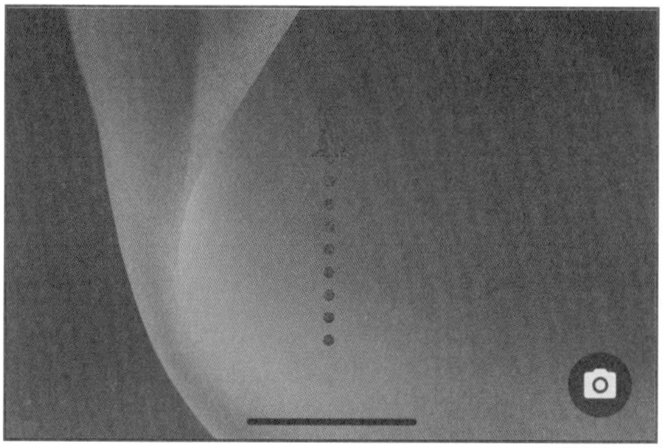

画面を上方向に**スワイプ**すると、ロックを解除できます。

●Google Pixelシリーズ※

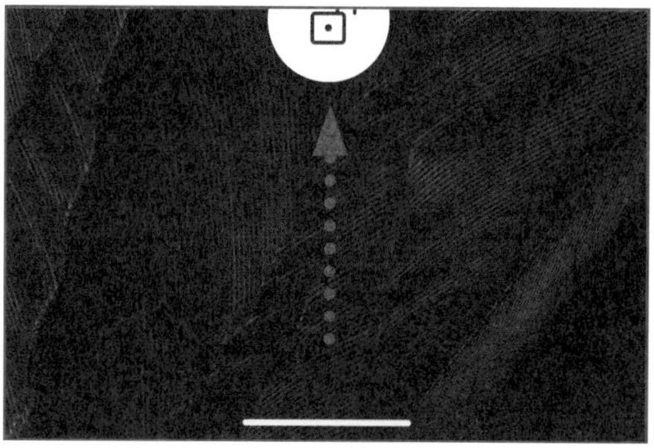

画面を上方向に**スワイプ**すると、ロックを解除できます。

※ソフトバンクから提供いただいた機種を使用して検証しています。
端末の購入についてはソフトバンクのWebサイトなどをご覧ください。

終わり

Section 06

電源を切る

キーワード 電源・スリープ状態・ロック

◎スリープと電源オフ

スマートフォンをしばらく使用していないと、ディスプレイが消灯してスリープ状態になります。電源キーを押すとスリープが解除され、ロック画面が表示されます。ホーム画面などを表示中に電源キーを長押しすると、電源を切ることができます。

スマートフォンをしばらく使用しないと、

画面が暗くなり、スリープ状態になります。

◎ 電源を切る

1 電源キーを長押しします。

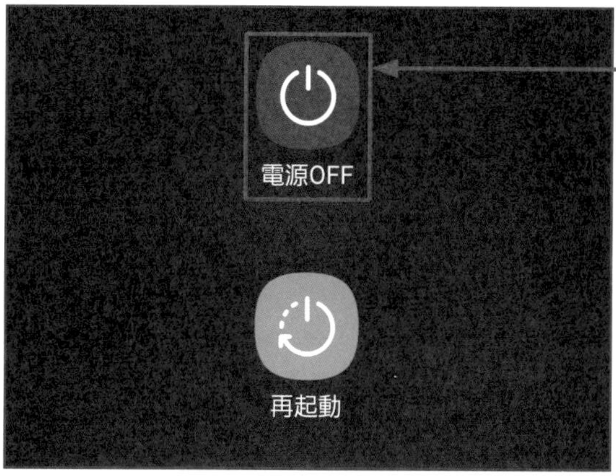

2  をタップします。

ポイント

メニューの言葉や表示は機種によって異なります。

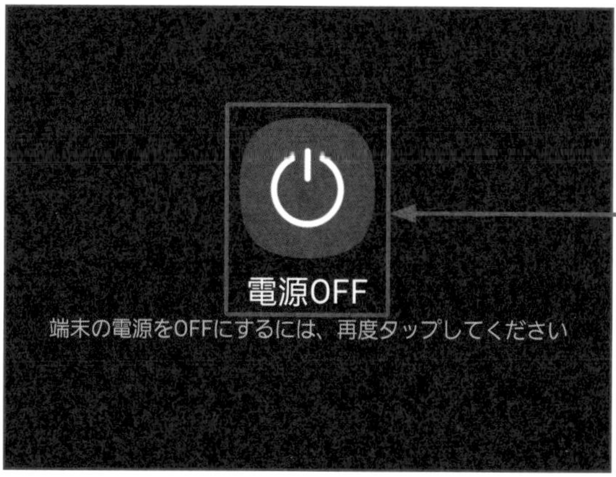

3  をタップします。

終わり

Section 07 ナビゲーションの操作を理解する

キーワード ジェスチャーナビゲーション・ホーム・戻る

ナビゲーション操作の基本

Androidスマートフォンは、タッチパネルの画面をタップしたりスワイプしたりすることで、さまざまな操作が行えます。ここでは3種類のアイコンを使用するナビゲーション操作を紹介します。それぞれの役割や使い方を覚えておきましょう。

❶履歴ボタン
最近操作したアプリのリストがサムネイルで表示されます。そのアプリを**タップ**すると、そのアプリに切り替わります。

❷ホームボタン
起動時に表示されるホーム画面に戻ります。

❸戻るボタン
直前に操作していた画面に戻ります。

◎ 機種による違い

Androidスマートフォンのナビゲーションバーは、主に「3ボタンナビゲーション」と「ジェスチャーナビゲーション」の2種類です。ジェスチャーナビゲーションは「Android 10」から搭載されています。
なお、操作手順は機種によって異なりますが、「設定」アプリで［一般アプリ］→［ナビゲーションバー］の順にタップすることでナビゲーション方式を切り替えることもできます。

● 3ボタンナビゲーション

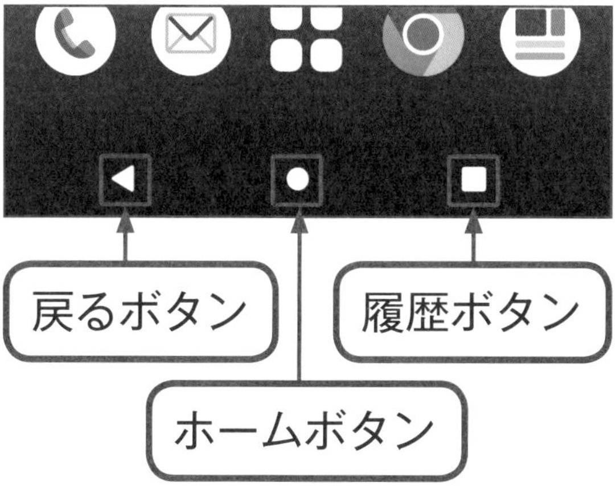

● AQUOSシリーズ

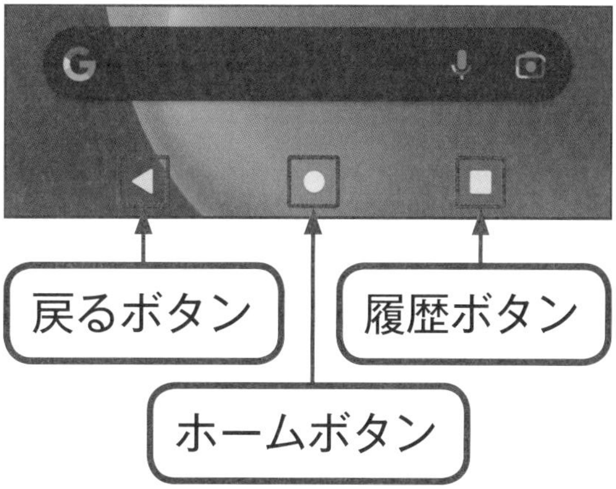

● ジェスチャーナビゲーション

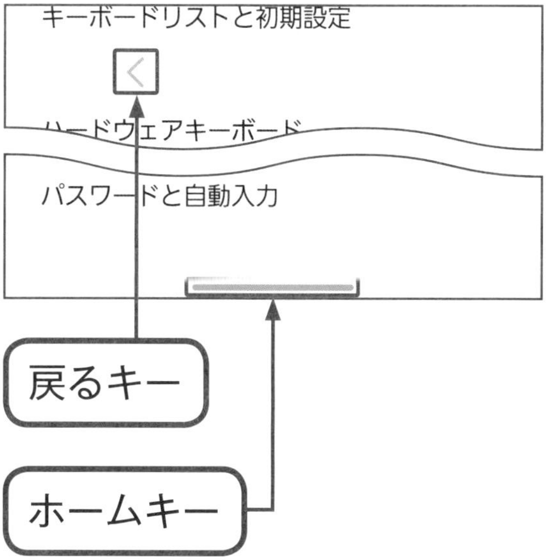

ボタンをタップする代わりに、上下または左右へのスワイプ操作を行います。「ホーム」キーを上方向に軽くスワイプするとホーム画面に戻り、スワイプして指を離さずにいるとアプリの履歴が表示されます。「戻る」キーは、画面左右どちらかから中央に向かってスワイプすると表示され、その状態で指を離すと前の画面に戻ります。

次へ

◎ナビゲーション操作の役割

ホーム、戻る、アプリの切り替えの各ナビゲーション操作の役割をシチュエーション別に紹介します。

●ホーム

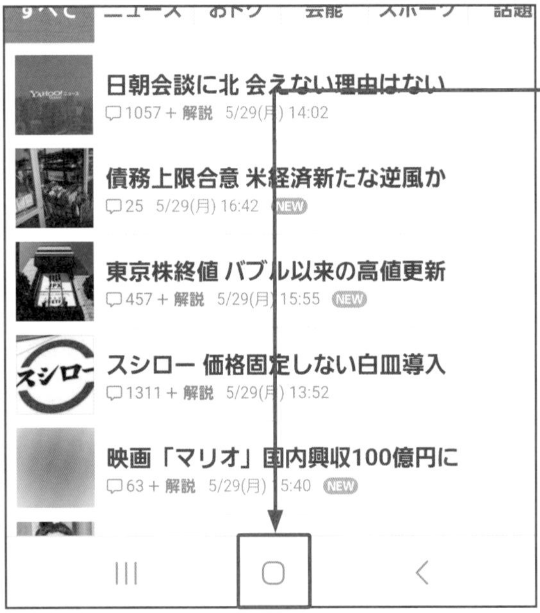

1 操作中に、ホームボタンをタップします。

ポイント

「ジェスチャーナビゲーション」では、ホームキーを上方向にスワイプします。

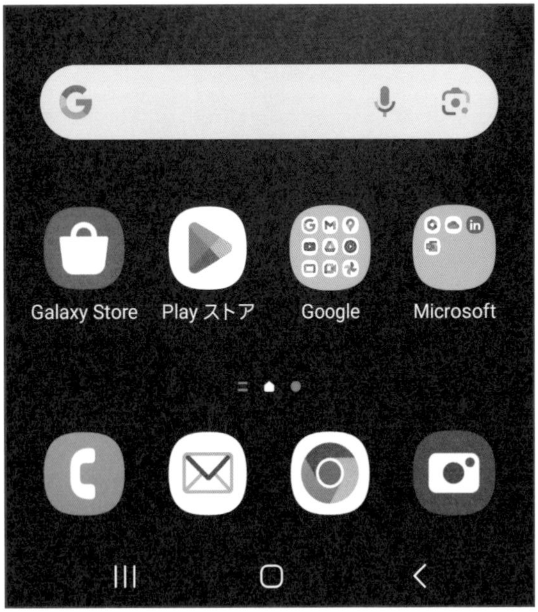

2 ホーム画面に戻ります。

戻る

1 アプリの利用中などに戻るボタンをタップします。

ポイント

「ジェスチャーナビゲーション」では、画面左端を右方向にスワイプします。

アプリの切り替え

1 操作中に、履歴ボタンをタップして、アプリをタップします。

ポイント

「ジェスチャーナビゲーション」では、画面を上方向にスワイプして指を離さないようにすると、利用したアプリが表示されます。

終わり

Section 08

スマートフォンを充電する

キーワード ACアダプター・USBケーブル・ワイヤレス充電

◎ 充電するには

Androidスマートフォンを充電するには、ACアダプターやUSBケーブルが必要です。Androidスマートフォン本体のUSB Type-C（またはマイクロUSB）ポートにUSBケーブルを接続し、USBケーブルとACアダプターを接続したら、ACアダプターをコンセントに差し込みましょう。充電中は、ステータスバーのバッテリーアイコンにが表示されます。

マイクロUSBポート

USB Type-Cポート

ポイント

Qi規格に対応したスマートフォンの場合は、ワイヤレス充電ができます。こちらは専用の充電パットの上にスマートフォンを置くだけで、充電することができます。

終わり

基本操作を確認する

2

この章でできること

- ホーム画面の構成を確認する
- アプリを開いたり閉じたりする
- 許可画面を知る
- 通知の種類を知る
- 文字を入力する

Section 09

ホーム画面を操作する

キーワード ホーム画面・アイコン・ホーム画面のスタイル

◎ ホーム画面の構成を確認する

ホーム画面は、ホームボタンをタップするか、ホームキーを上方向にスワイプすると表示される画面です。さまざまな操作の基本になる画面なので、しっかり確認しておきましょう。なお、ホーム画面のスタイル（画面操作アプリ）は機種によって異なります（46～47ページ参照）。

ステータスバー
通知アイコンやステータスアイコンが表示されます。
ウィジェット
ホーム画面に配置できる簡易的なアプリです。
フォルダ
複数のアプリアイコンを1つにまとめることができます。
アプリアイコン
タップすると、アプリを表示できるアイコンです。
ナビゲーションバー
ホームボタンなどの基本ボタンが表示されます。
ドック
ドックに入れたアプリアイコンは、どのホーム画面でも常に表示されます。
6:06
100%
20°
くもり
東京
湿度：61%
Galaxy Store
Play ストア
Google
Microsoft

◎ ホーム画面を切り替える

1 ホーム画面を左方向にスワイプします。

ポイント

ホーム画面を右方向にスワイプしていくと、ドコモの機種ではニュース画面、そのほかの機種ではGoogle Discoverが表示されます。

2 ホーム画面が切り替わります。

終わり

Section 10

アプリを利用する

キーワード アプリ・ホーム画面・アプリ一覧画面

◎アプリを起動するには

本体には、あらかじめ多くのアプリが入っています。ホーム画面やアプリ一覧画面でアプリアイコンをタップすると、アプリを起動することができます。同時に複数のアプリを起動して切り替えることも可能です。

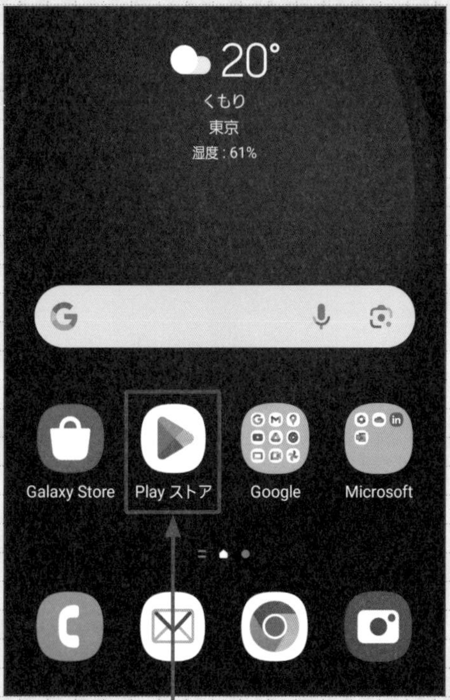

起動したいアプリのアイコンをタップします。

アプリが起動します。

◎ アプリ一覧画面とは

アプリ一覧画面は、本体にインストールされているすべてのアプリが表示される画面です。機種によっては、アプリ一覧画面がなく、ホーム画面上にすべてのアプリが表示されるものや、設定によって表示できるようになるものもあります。なお、ドコモ販売の機種は、ホーム画面にあるアプリ一覧ボタンをタップするとすべてのアプリが表示されます。

●ドコモ販売機種のアプリ一覧画面

●Galaxyのアプリ一覧画面

コラム　Androidスマートフォンのバージョン

現在のAndroidスマートフォンのバージョンは、主に「Android 13」ですが、本書では「Android 12」にも対応しています。

次へ

◎ ホーム画面からアプリを起動する

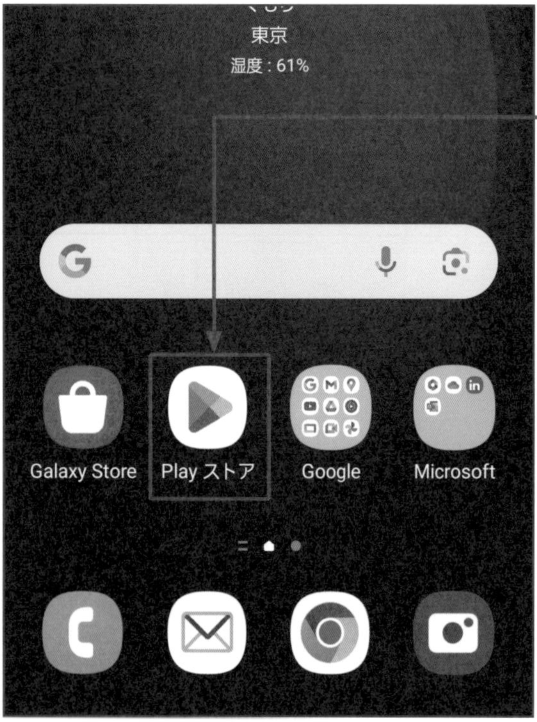

1 ホーム画面で「Play ストア」のアイコンをタップします。

2 「Play ストア」が起動します。

ポイント

複数のアプリアイコンが含まれているフォルダをタップすると、フォルダ内のアプリが表示されます。

◎ アプリ一覧画面からアプリを起動する

機種によっては、アプリ一覧画面がないものや、設定によって表示できるようになるものもあります。また、アプリ一覧画面を表示する方法が異なる場合もあります（46～47ページ参照）。

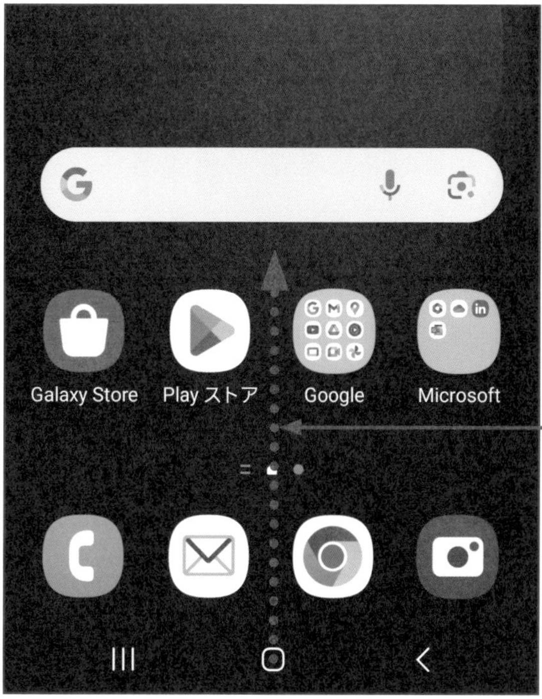

1 ホーム画面で画面を上方向にスワイプ します。

2 アプリ一覧画面が表示されるので、起動したいアプリアイコンをタップ します。

次へ

◎機種による違い

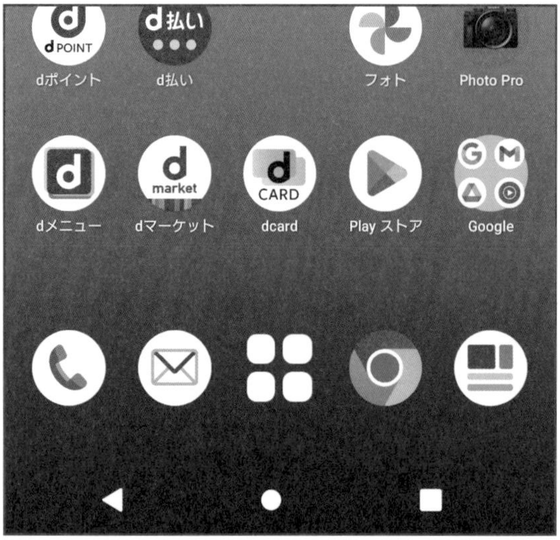

●ドコモ販売の機種

ホーム画面のスタイルは「docomo LIVE UX」です。ホーム画面にある をタップ すると、アプリアイコンの一覧が表示されます。

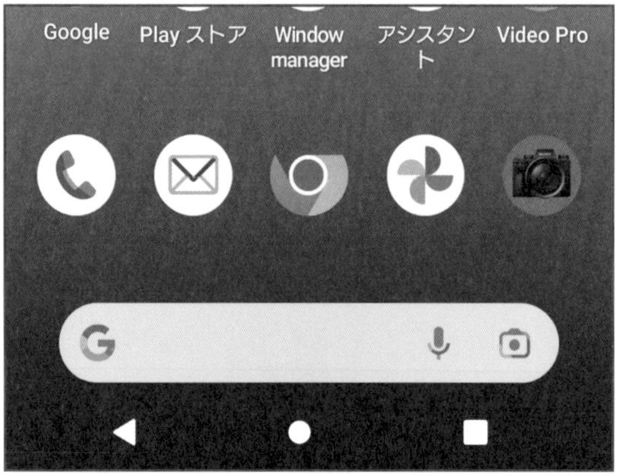

●Xperia 5 IV SO-54C

ホーム画面のスタイルは「Xperiaホーム」です。画面を上方向にスワイプ すると、アプリアイコンの一覧が表示されます。

●AQUOS sense7 plus

ホーム画面のスタイルは「AQUOS Home」です。画面を上方向にスワイプ すると、アプリアイコンの一覧が表示されます。

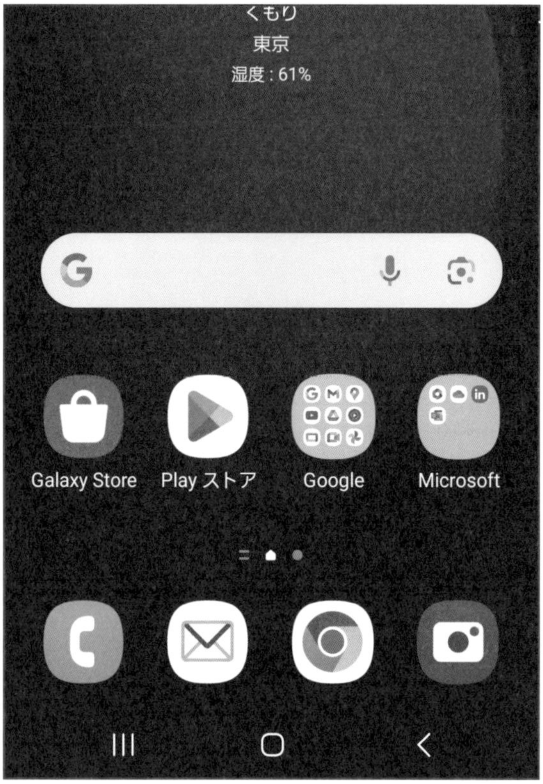

● Galaxy S23

ホーム画面のスタイルは「One UIホーム」です。画面を上方向に**スワイプ**すると、アプリアイコンの一覧が表示されます。

● Google Pixel 7a

ホーム画面のスタイルは「Pixel Launcher」です。画面を上方向に**スワイプ**すると、アプリアイコンの一覧が表示されます。

終わり

Section 11 アプリを切り替える・終了する

キーワード アプリの切り替え・アプリの履歴・アプリの終了

◎アプリの履歴を確認するには

利用したアプリはすべて履歴に残り、履歴からアプリを起動したり終了したりできます。Androidスマートフォンのアプリは、基本的に終了させる必要はありませんが、アプリの履歴が多くて見づらい場合は整理のために終了しましょう。

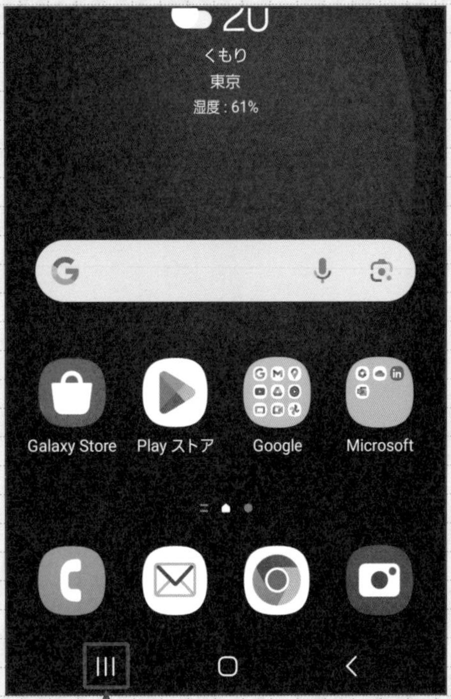

履歴ボタンをタップします。

左右にスワイプすると利用したアプリを確認できます。

◎ アプリを切り替える

1 アプリの利用中に、履歴ボタンを**タップ**します。

ポイント

「ジェスチャーナビゲーション」では、ホームキーを上方向にドラッグし、画面中央で指を止めます。

2 切り替えたいアプリを左右に**スワイプ**して表示し、**タップ**します。

次へ

◎ アプリの使用中にホーム画面に戻る

1 アプリの利用中に、ホームボタンを**タップ**します。

ポイント

「ジェスチャーナビゲーション」ではホームキーを上方向にスワイプします。

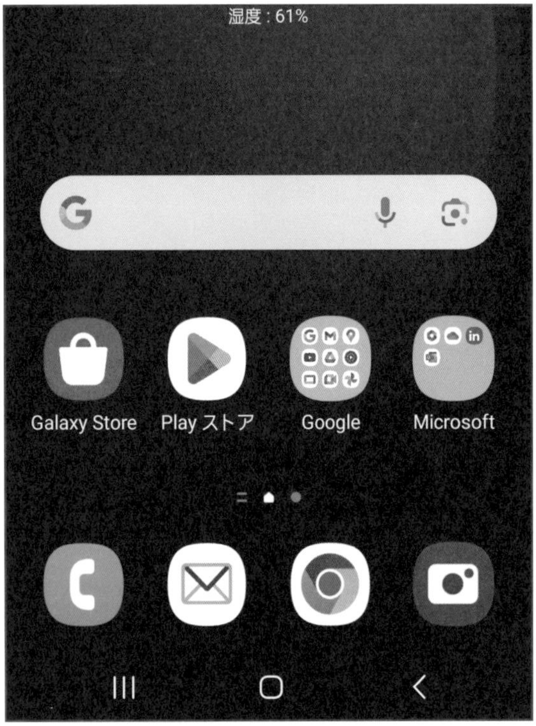

2 ホーム画面が表示されます。

ポイント

利用していたアプリはアプリの履歴に表示されます。履歴を整理したい場合はアプリの履歴からアプリを終了します（51ページ参照）。

◎ アプリを終了する

1 49ページ手順**2**の画面で、終了したいアプリを上方向に**スワイプ**します。

2 アプリが終了します。

ポイント

手順**1**の画面で、画面下部の 全て閉じる （機種によっては[すべてクリア]）をタップすると、起動しているすべてのアプリが終了します。

終わり

Section 12

アプリを利用するときの許可画面を知る

キーワード アプリ・許可画面・アプリの権限

◎許可画面とは

アプリのインストール時やアプリの利用を開始する際には、アプリが行う権限を確認するために許可画面が表示されます。許可画面が表示されたら、よく確認したうえで許可するようにしましょう。なお、アプリの権限は「設定」アプリからいつでも変更が可能です。

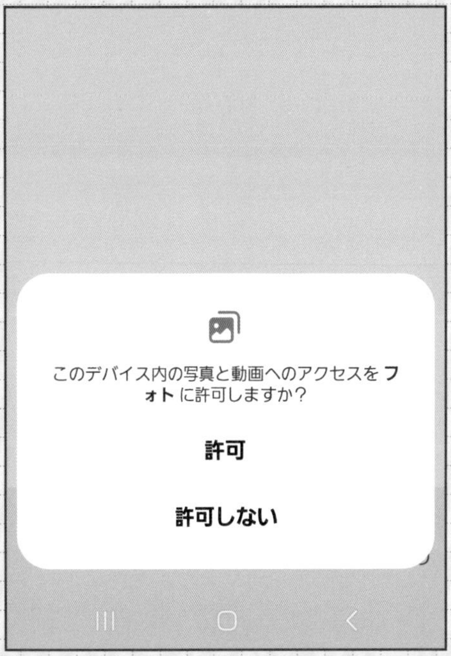

アプリの利用を開始するときに権限の許可を求められることがあります。

許可には「アプリの使用時のみ」「今回のみ」などの種類があります。

◎ 許可の種類とアプリの権限

1 アプリ一覧画面で「設定」のアイコンをタップして「設定」画面を表示し、アプリ 標準アプリ、アプリ設定 をタップします。

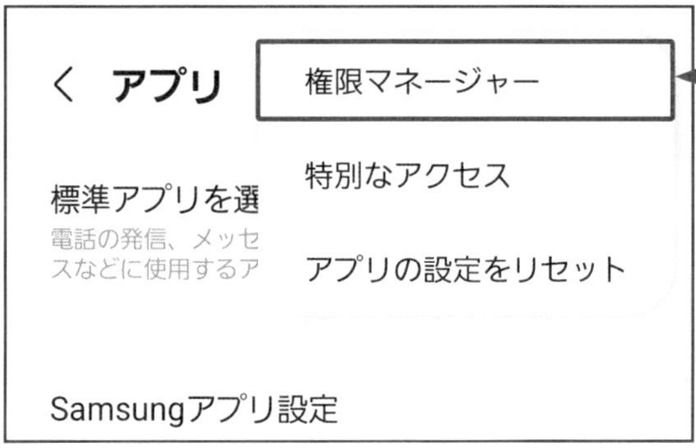

2 ⋮ → 権限マネージャー の順にタップします。

3 「権限マネージャー」画面が表示されます。ここから項目ごとにアプリに権限を許可するかどうかを設定できます。

終わり

Section 13

大事なお知らせを見逃さないようにする

キーワード 通知・ステータスバー・通知パネル

◎スマートフォンの通知の種類

電話の着信やメールが届いたときなどに通知が表示されます。通知の種類はいくつかあり、通知パネルで複数の通知をまとめて確認することもできます。また、画面上部のステータスバーには、スマートフォンの状態も表示されます。

●ポップアップ通知

画面を操作中のときは、通知がポップアップで表示されます。

●ステータス通知

ステータスバーに通知を知らせるアイコンが表示されます。

●通知ドット

アプリアイコンに丸いアイコンや通知の数を示す数字を表示します。

ステータスバーに表示されるアイコンの意味

ステータスアイコン
電波状況やバッテリー残量など、主にスマートフォンの状態を表すアイコンです。

通知アイコン
不在着信や新着メール、実行中の作業などを通知するアイコンです。

通知アイコン		ステータスアイコン	
	不在着信		バイブモード有効
	新着メッセージ（「+メッセージ」アプリ）		サイレントモード有効
	新着Gmail		Wi-Fiネットワーク接続
	アプリのアップデート	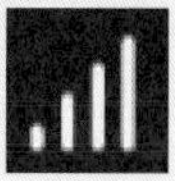	データ通信状態
	新着LINE		電池の状態

次へ

◎ 通知パネルを表示する

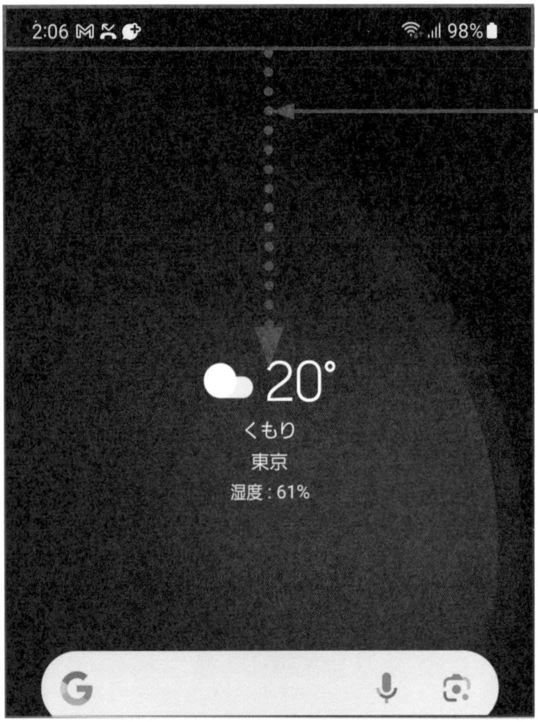

1 ステータスバーを下方向にドラッグします。

2 通知パネルが表示されます。

◎ 通知パネルについて

❶タップすると、有効と無効を切り替えることができます。アイコンによっては、ロングタッチで設定画面を表示することができます。下方向にドラッグすると、ほかのアイコンが表示されます(259ページ参照)。
❷電話やメール、スマートフォンの状態を知らせる、さまざまな通知が表示されます(258ページ参照)。
❸アプリの一覧が表示され、アプリごとに通知の設定ができます。
❹通知をすべて削除できます。

次へ

◎ 通知を利用する

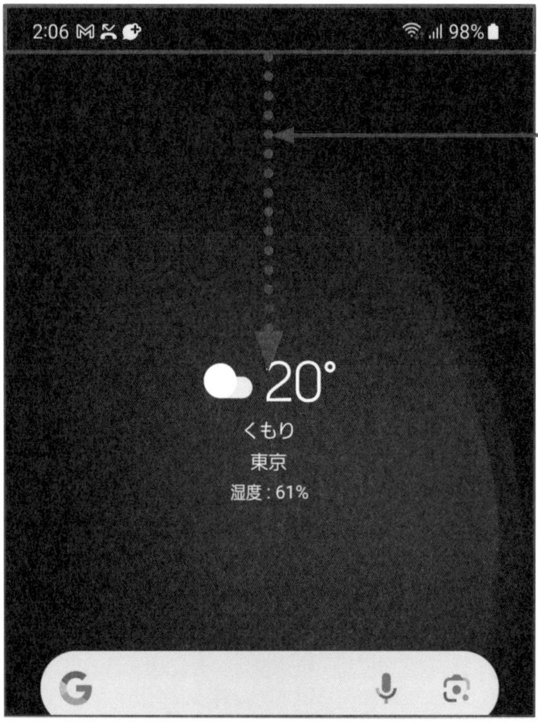

1 ステータスバーを下方向にドラッグします。

2 通知パネルが表示されます。

3 通知(ここでは「+メッセージ」アプリの通知)を**タップ**します。

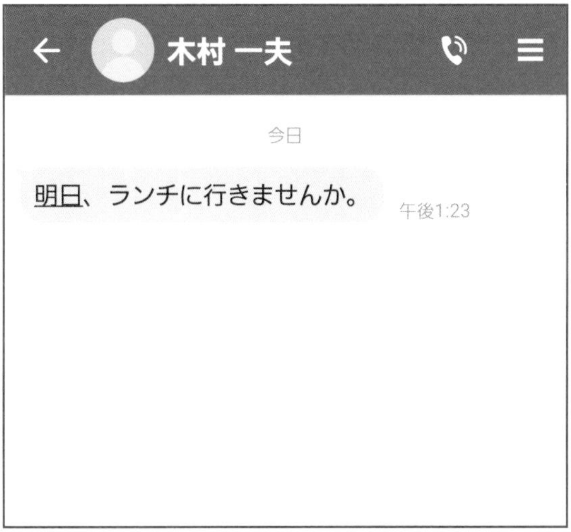

4 「+メッセージ」アプリが起動し、メッセージが表示されます。

5 通知を左または右に**スワイプ**すると、通知パネルから通知が削除されます。

次へ

◎ポップアップ通知

ポップアップ通知は、画面の操作中にメールを受信したときなどに、画面の上部に表示されます。通知をタップするとすぐにそのアプリを開き、移動することができます。しばらくすると、ポップアップ通知は消えてしまいますが、通知パネルから内容を確認することができます。

●メッセージを受信したときのポップアップ通知

❶メッセージの送信者が表示されます。

❷メッセージの内容が表示されます。

❸メッセージに返信することができます。

❹メッセージを既読にします。既読にしたメッセージの通知は、通知パネルへの表示や通知ドットの表示が行われません。

❺メッセージの通知を１時間オフにすることができます。

◎ 通知ドット

通知ドットとは、通知パネルに何らかの通知があるアプリのアイコン右上に表示される丸いアイコンのことです。通知パネルの通知を確認したり、削除したりすれば(58～59ページ参照)、通知ドットは消えます。
また、機種や通知の設定によって通知ドットに数字が表示されるアプリもあります。この数字は、未読のメッセージや不在着信があるときに、その件数を表しています。

●通知ドット

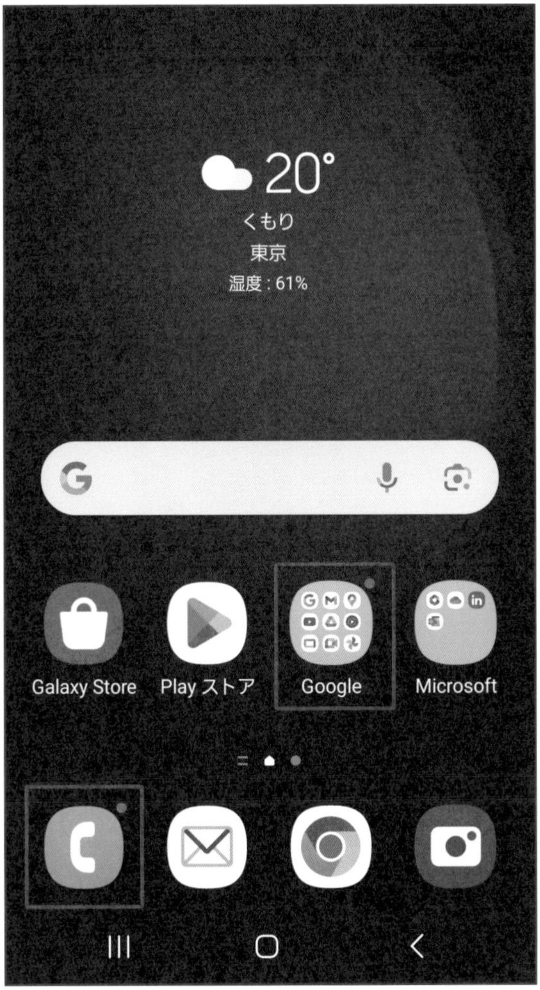

●通知ドット（件数）

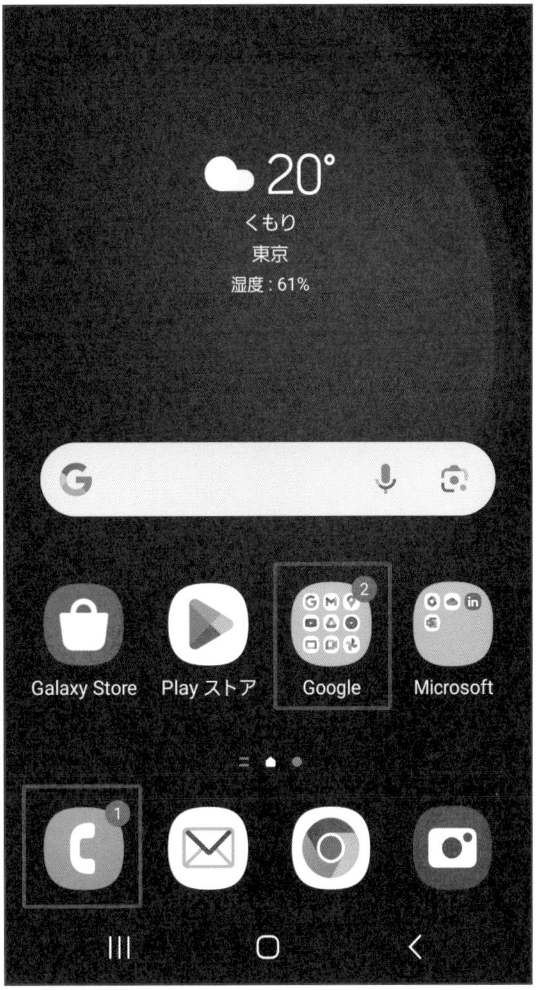

終わり

Section 14

文字を入力する

キーワード ▶ 文字入力・コピー・Gboard

◎キーボードの種類

Androidスマートフォンでは、ソフトウェアキーボードをタップして文字を入力します。入力方法は切り替えることができるので、自分に合ったキーボードを使用して文字を入力してみましょう。

●12キー

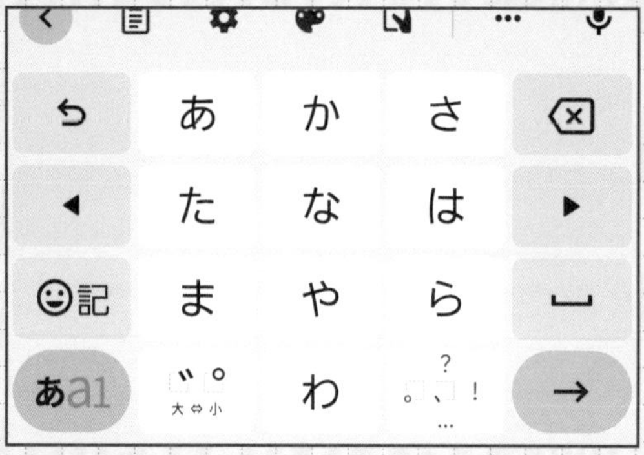

●QWERTY

●手書き

●GODAN

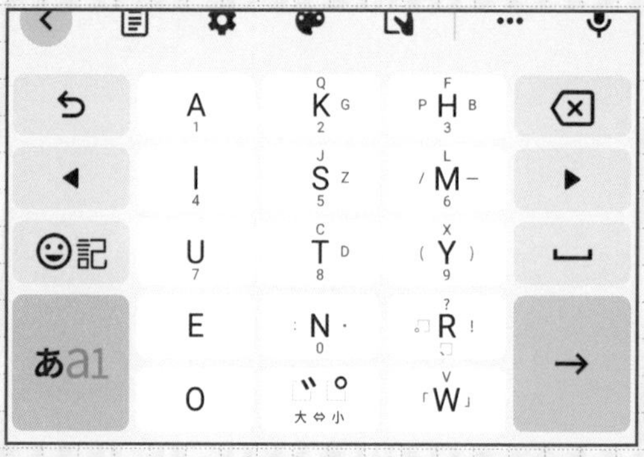

◎ 文字を入力する

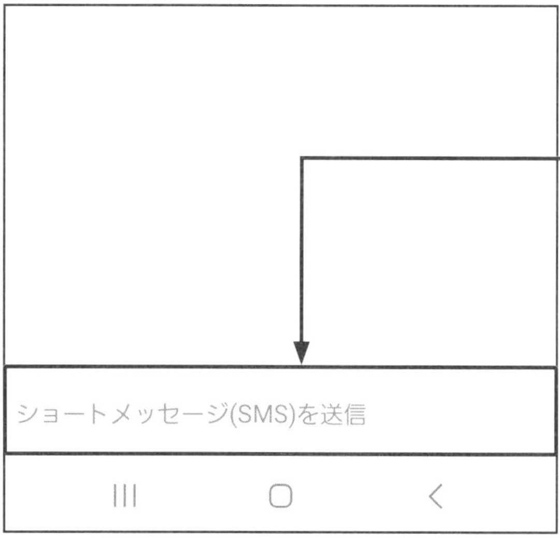

1 ここでは「＋メッセージ」アプリの「メッセージ」作成画面を開き、メッセージ入力欄をタップします。

2 キーボードが表示されます。

ポイント

標準では「12キー」が表示されますが、別のキーボードが表示されたら、切り替えます（70ページ参照）。

コラム **本書で使用しているキーボード**

本書のキーボード操作手順の解説は、Google社が提供するIME（キーボードアプリ）Gboardを利用しています。標準でインストールされている機種もありますが、ない場合は「Play ストア」から「Gboard」アプリをインストールすることができます（Sec.41参照）。

次へ

3 か を2回**タップ**して、「き」を**入力**します。

ポイント

12キーは、携帯電話と同じ入力方法です。キーをくり返しタップして、文字を選択します。

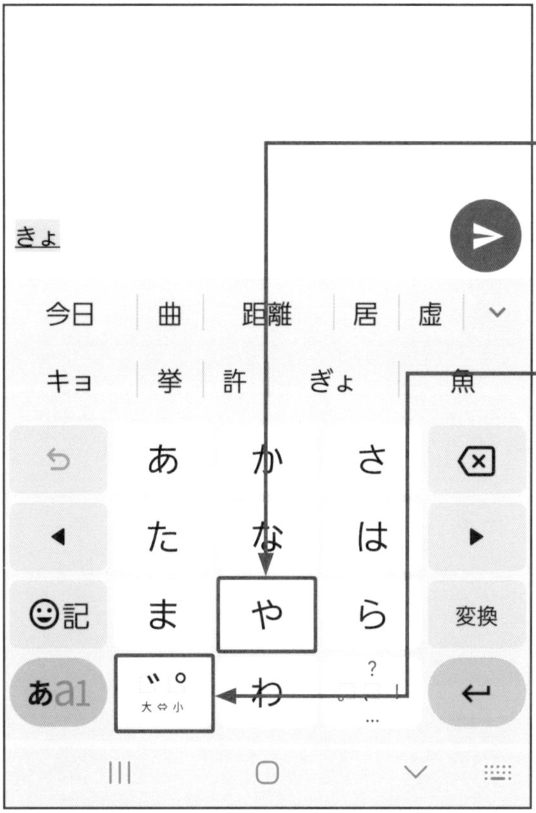

4 や を3回**タップ**して、「よ」を**入力**します。

5 ゛゜ 大⇔小 を**タップ**して、「よ」を「ょ」に変換します。

ポイント

12キーでは、キーボードを上下左右にフリックすることでも、文字の入力をすることができます(フリック入力)。

6 あ を3回タップして、「う」を入力します。

7 変換候補の中から、[今日]をタップします。

ポイント

変換候補は、これ以前の手順でもタップすることができます。よく使う言葉が優先的に表示されます。

次へ

英数字を入力する

1 あa1 をタップします。

ポイント

文字種の切り替え方法は、キーボードによって異なります(70～71ページ参照)。

2 入力モードが12キー(英数字)に切り替わります。

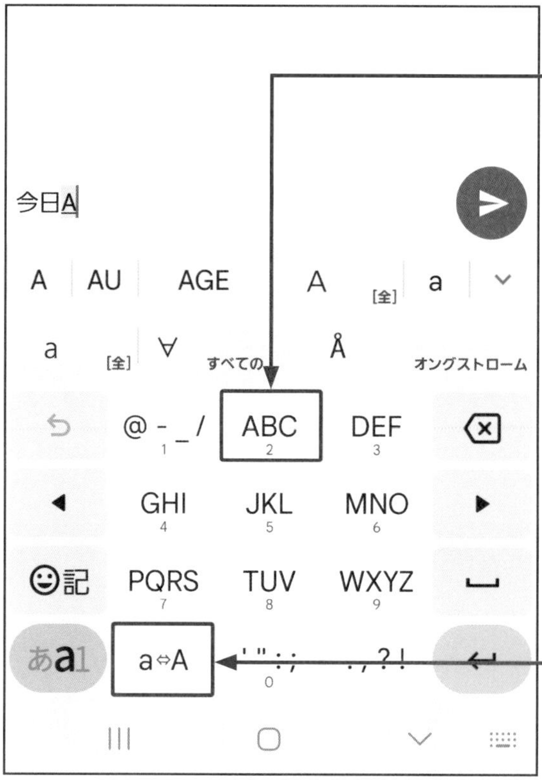

3 ABC をタップ して、「a」を入力 します。

4 a⇔A をタップ し、「a」を「A」に変換します。

5 残りの文字（ここでは「ndroid」）を続けて入力 します。

6 入力した文字を確定するときは、↵ をタップ します。

次へ

音声で入力をする

1 キーボード上部の［マイク］をタップします。

2 「お話しください」と表示されたら、入力したい文字を話します。

3 話した文字が入力されます。

ポイント

「かぎかっこ」「まるかっこ」「とうてん」「くてん」などと話しかければ記号を入力することができます。

4 再度 をタップすると、テキスト入力画面に戻ります。

次へ

◎ さまざまなキーボードと切り替え方法

66ページで日本語から英数字に入力を切り替えていますが、文字種やキーボード種類の切り替えは機種によって少し異なります。ここでは、代表的な機種のキーボード切り替え方法を紹介します。

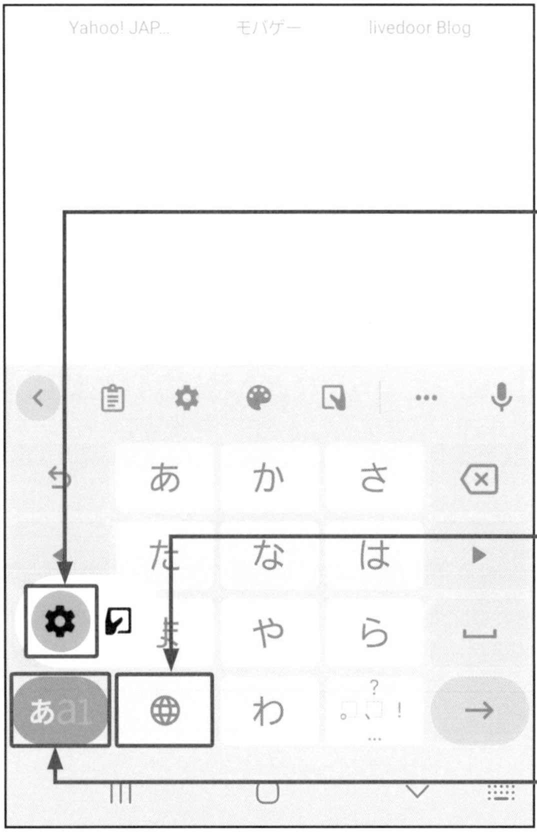

●「Gboard」アプリ

あa1 をロングタッチし、設定アイコンが表示されたら上方向にフリックして、「言語」からキーボードを追加します。

タップしてキーボードを切り替えます。

タップして文字種を切り替えます。

コラム Gboardのキーボード切り替えについて

Gboardの日本語言語には、62ページで紹介したように4種類のキーボードが用意されていますが、初期の状態では、12キーのみ使える設定になっています。ほかのキーボードを使うには、上記の方法でキーボードの追加を行います。

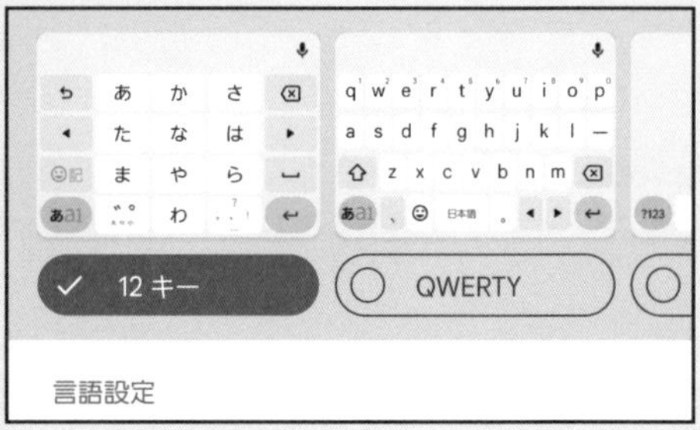

● AQUOSシリーズ

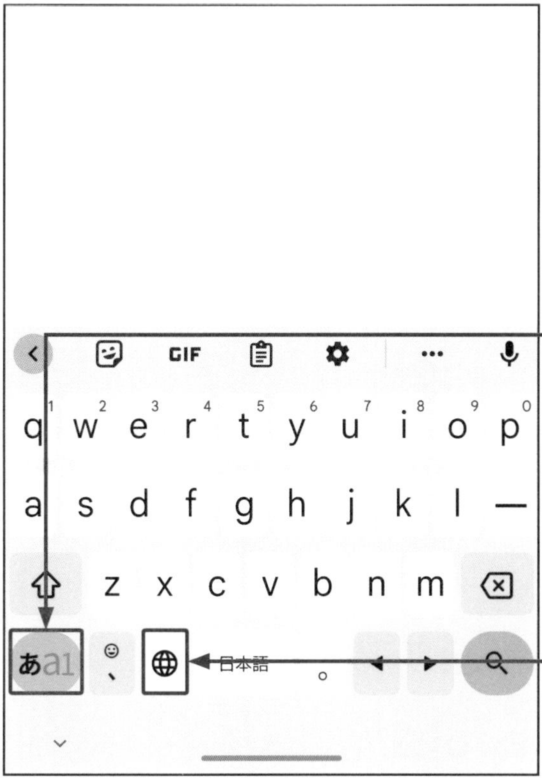

タップしてキーボードを切り替えます。

タップして文字種を切り替えます。

● Google Pixelシリーズ

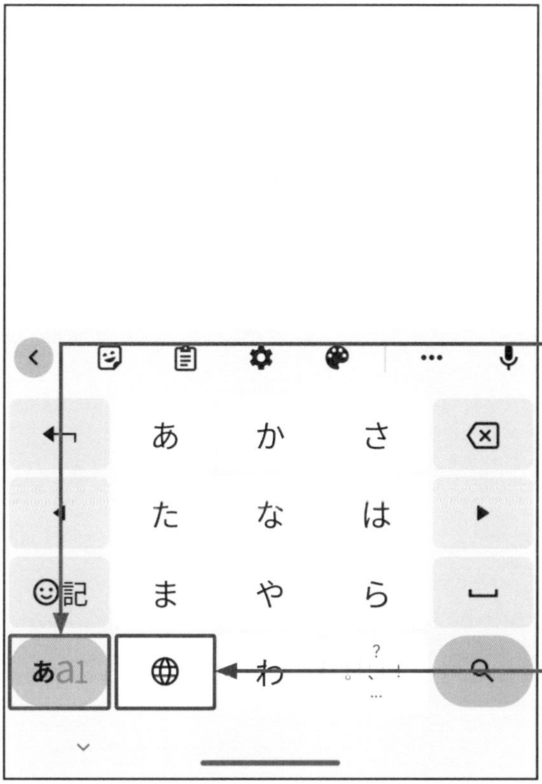

タップしてキーボードを切り替えます。

タップして文字種を切り替えます。

次へ

◎ 文字を削除する

1 削除したい文字の後ろをタップします。

2 ⌫ をタップします。

ポイント

削除したい文字の後ろに表示させたとバーはキーボードの◀や▶をタップすることで移動できます。

3 文字が削除されます。

数字や記号の入力方法

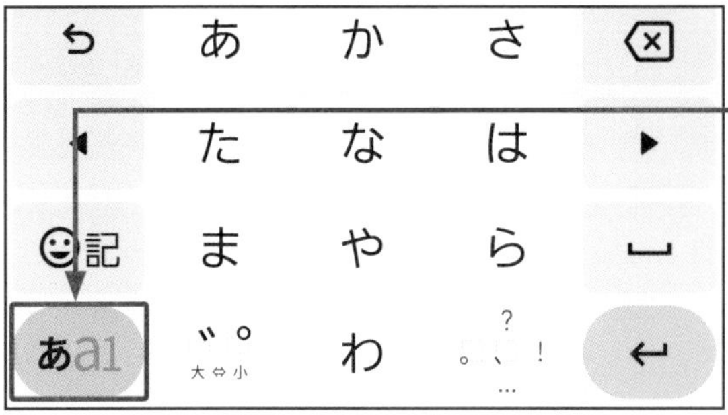

1 あa1 を2回タップします。

2 数字が表示されます。数字をタップすると、入力できます。!?# をタップすると記号が表示され、あa1 をタップするともとのかな入力が表示されます。

絵文字や顔文字の入力方法

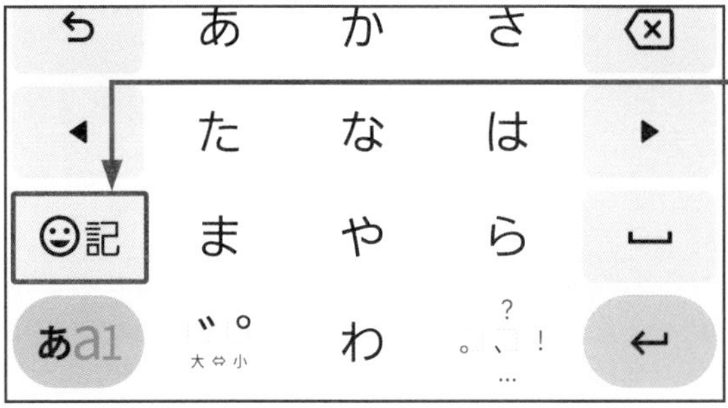

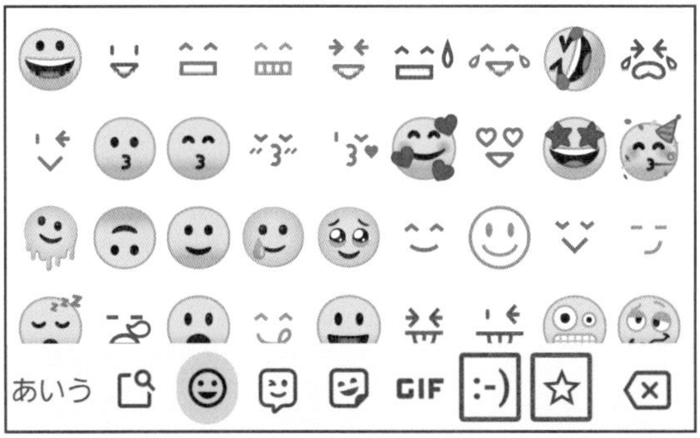

1 ☺記 をタップします。

2 絵文字が表示され、タップすると入力できます。☆ をタップすると記号が表示され、:-) をタップすると顔文字が表示されます。

次へ

◎ 文字をコピーして貼り付ける

1 文字をロングタッチします。

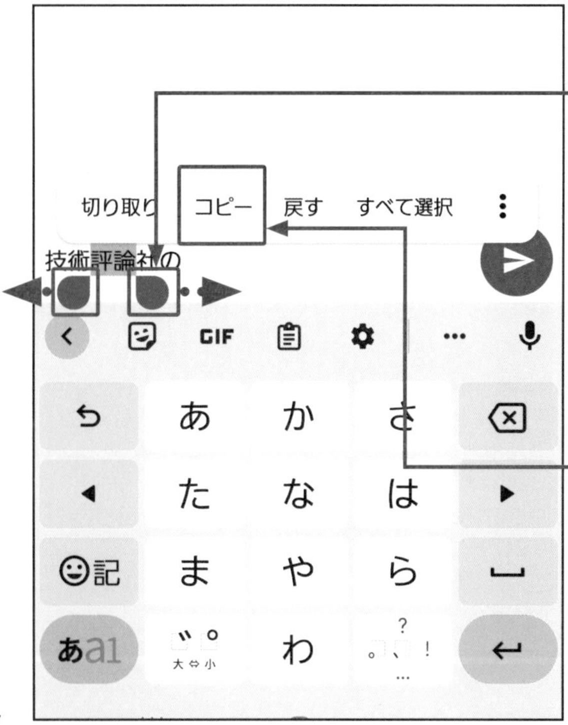

2 とを左右にドラッグして、コピーする範囲を選択します。

3 コピー をタップします。

第2章 基本操作を確認する

4 貼り付けたい位置をタップします。

5 貼り付け をタップします。

6 コピーした文字が貼り付けられます。

次へ

◎ 文字を選択する

1 キーボード上部の … をタップ します。

2 ‹I› をタップ します。

ポイント

ブラウザなどでも、文字を選択したりコピーして貼り付けたりすることができます。

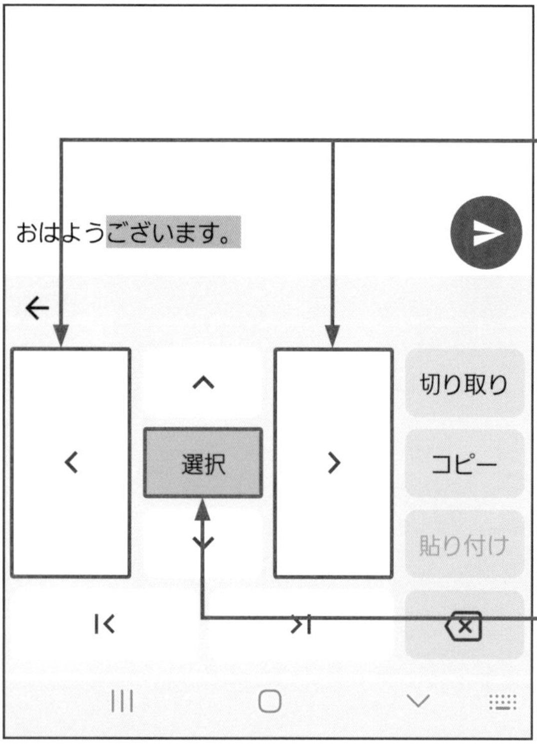

3 ＜ と ＞ をタップ して、選択したい文字の端までカーソルを移動させます。

4 選択 をタップ して、手順3を参考に選択したい文字の反対の端までカーソルを移動させます。

終わり

3

使いやすいように設定する

この章でできること

- 「設定」画面を確認する
- Googleアカウントを設定する
- Wi-Fiに接続する
- セキュリティロックを設定する
- 音量を変更する

Section 15

「設定」画面を確認する

キーワード 「設定」画面・アカウント・機種による違い

◎「設定」でスマートフォンを使いやすくする

「設定」画面では、Wi-Fi、壁紙や明るさなどの画面設定、各アプリの情報や端末情報など、Androidスマートフォンの各種設定を確認したり、変更したりすることができます。

「設定」画面では、スマートフォンの設定の確認や変更ができます。

画面上部の🔍をタップして表示された検索欄にキーワードを入力すると、「設定」アプリ内を検索できます。

◎「設定」を利用する

1 ホーム画面(またはアプリ一覧画面)を表示し、⚙をタップします。

ポイント

アプリ一覧画面がない機種で、「設定」アプリがホーム画面に見当たらない場合は、ホーム画面を左右にスワイプして確認しましょう。

2 「設定」画面が表示されます。

次へ

3 ここでは例として、［バッテリーとデバイスケア ストレージ、メモリ、デバイスを保護］をタップします。

ポイント

メニューの言葉や表示は機種によって異なります。

4 「デバイスケア」画面が表示されます。ここでは、バッテリー残量の確認などができます。

◎ 機種による違い

「設定」画面は、機種によってデザインや表示される項目が異なります。ここでは、代表的なスマートフォンの設定画面を紹介します。

● Xperia

● AQUOS

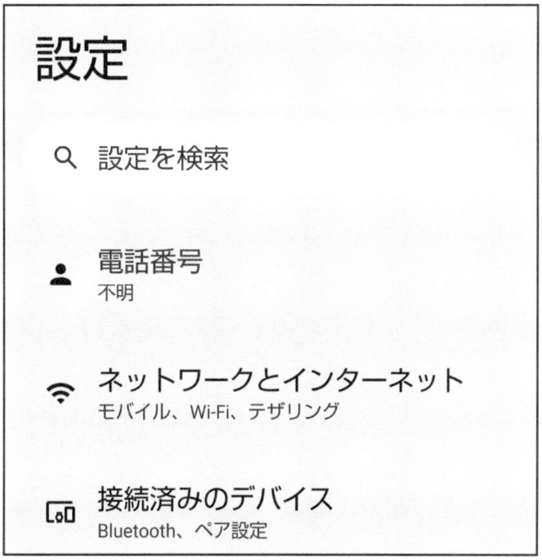

● Galaxy

● Google Pixel

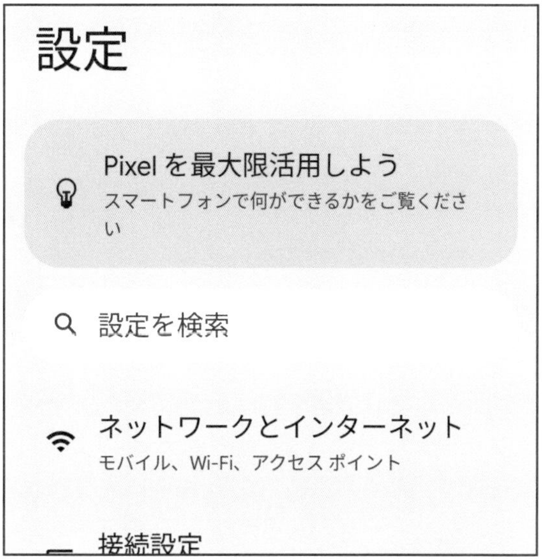

終わり

Section 16 Googleアカウントを設定する

キーワード Googleアカウント・Googleサービス・Playストア

Googleアカウントとは

Googleアカウントを設定すると、Googleが提供する各種サービスを利用できます。Androidスマートフォンでは必須の設定です。

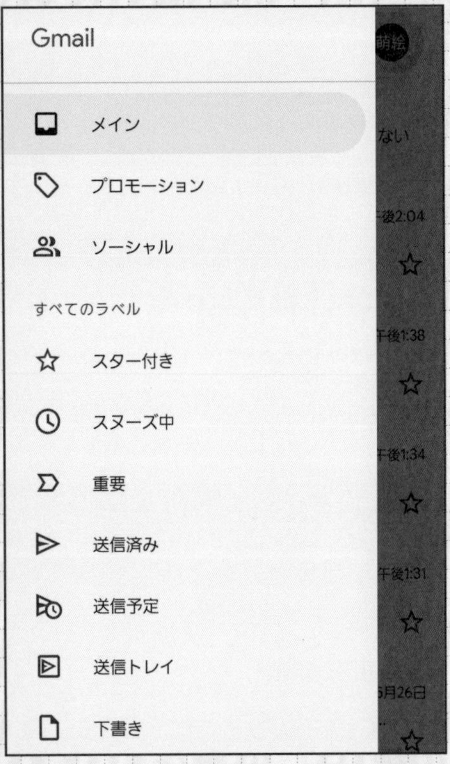

Googleアカウントに登録すると、GmailなどのGoogleサービスが利用できます。

「Play ストア」でアプリをインストールできます。

◎ Googleアカウントを新規作成して設定する

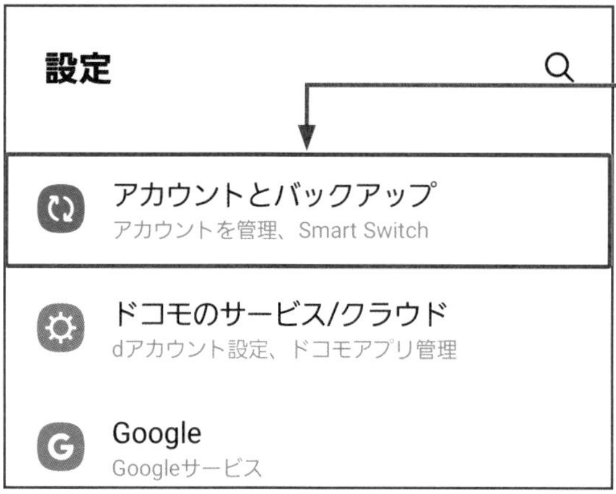

1 79ページの方法で「設定」画面を表示し、アカウントとバックアップ アカウントを管理、Smart Switch をタップします。

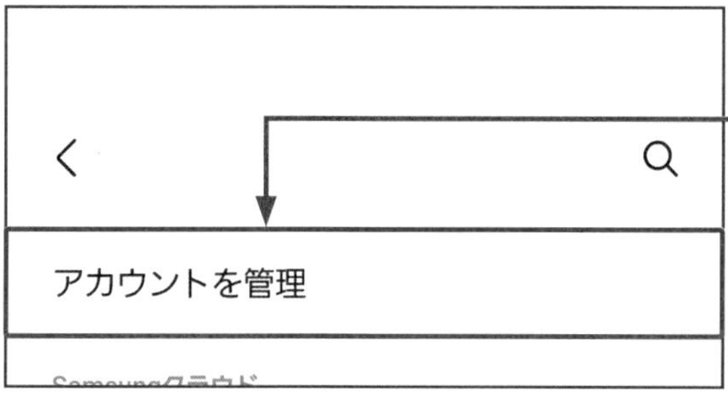

2 アカウントを管理 → ＋ アカウントを追加 の順にタップします。

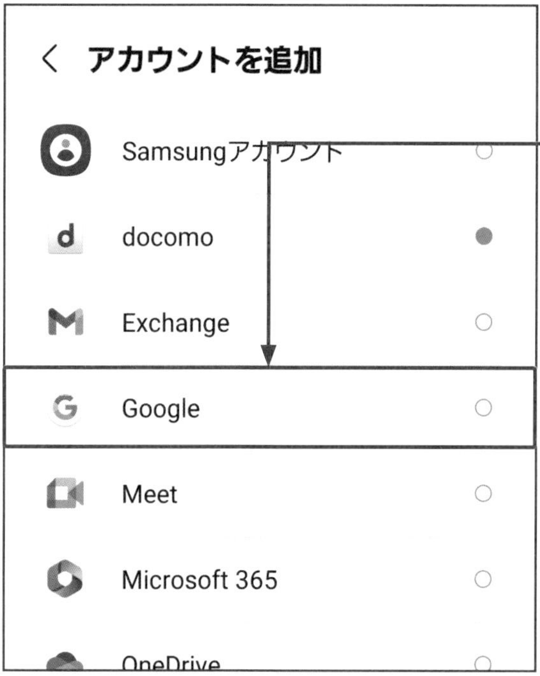

3 「アカウントを追加」画面が表示されます。Google をタップします。

次へ

4 アカウントを作成 をタップします。

ポイント

すでにGoogleアカウントを持っている場合は、「メールアドレスまたは電話番号」にGoogleアカウントのメールアドレスを入力します。

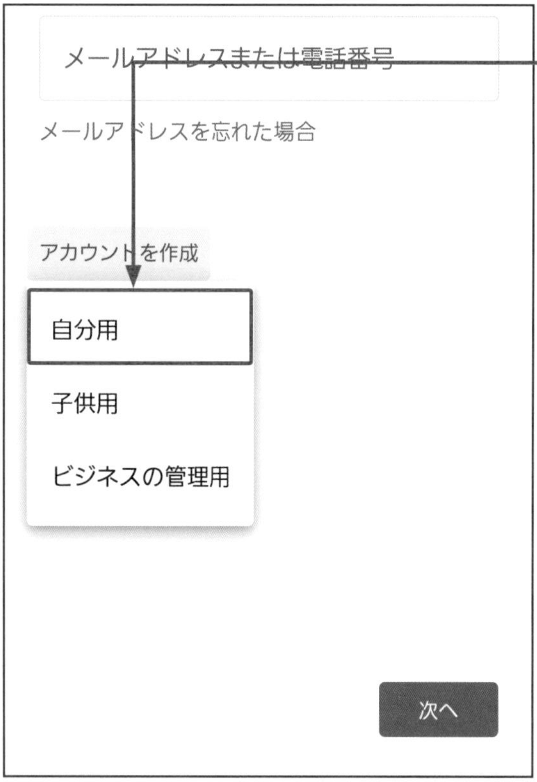

5 自分用 をタップします。

ポイント

子供用 をタップすると、13歳未満の子供用のアカウントが作成できます。

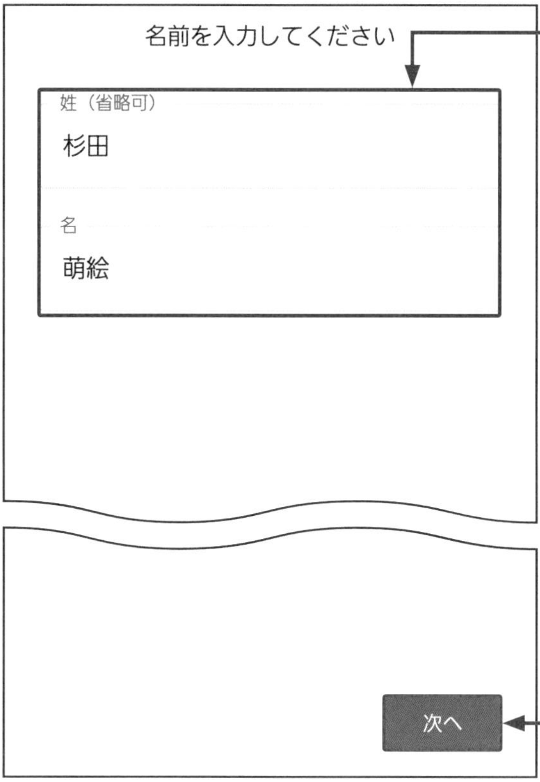

6 名前を入力します。

7 次へ をタップします。

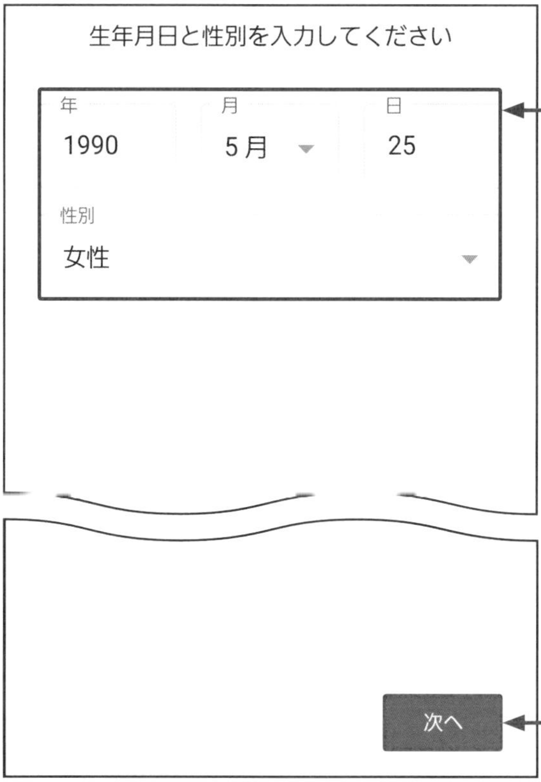

8 生年月日と性別を入力します。

9 次へ をタップします。

次へ

10 Googleアカウントに使用するGmailのアドレスを選択し、**タップ**します。

11 次へ をタップします。

ポイント

手順**10**で ○ 自分で Gmail アドレスを作成 を選ぶと、独自のGmailアドレスを作成できます。Gmailアドレスに使用できる文字は、アルファベットのA～Zとa～z、数字の0～9のみです。

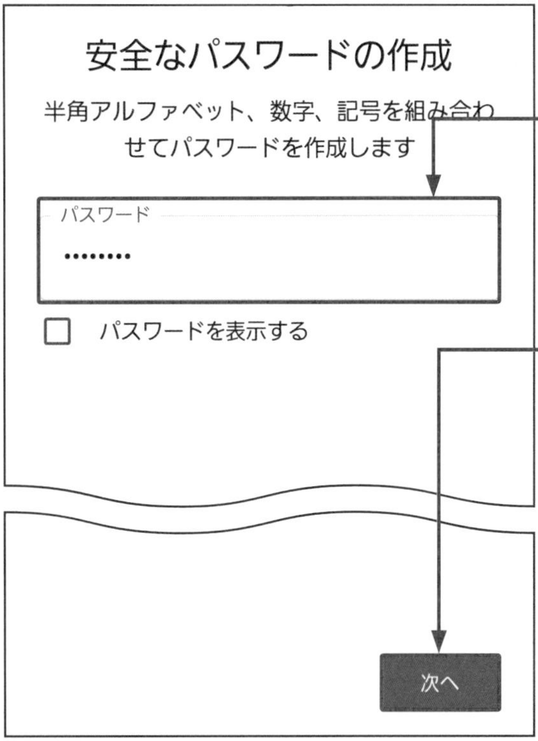

12 Googleアカウントに使用するパスワードを**入力**します。

13 次へ をタップします。

ポイント

ここで入力したメールアドレスとパスワードは忘れないようにしましょう。

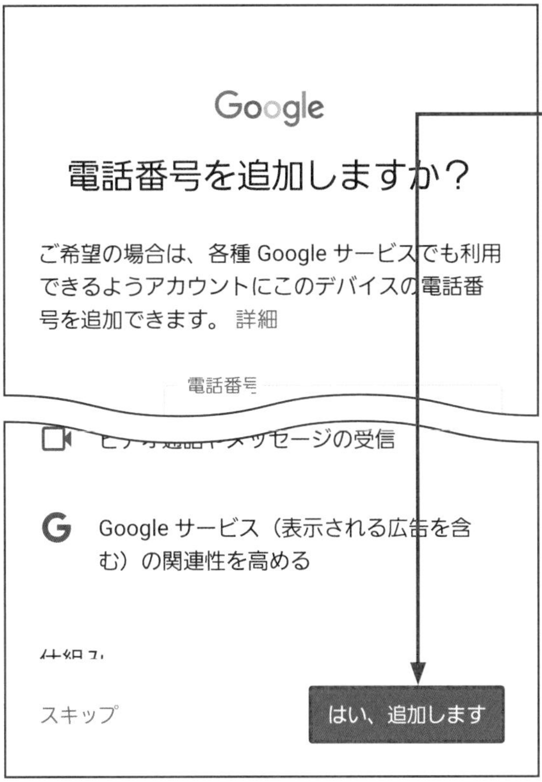

14 はい、追加します をタップして、電話番号を追加します。

ポイント

電話番号を追加すると、パスワードを忘れたときの再設定などに利用できます。スキップ をタップして省略することも可能です。

15 「アカウント情報の確認」画面が表示されるので、次へ をタップします。

次へ

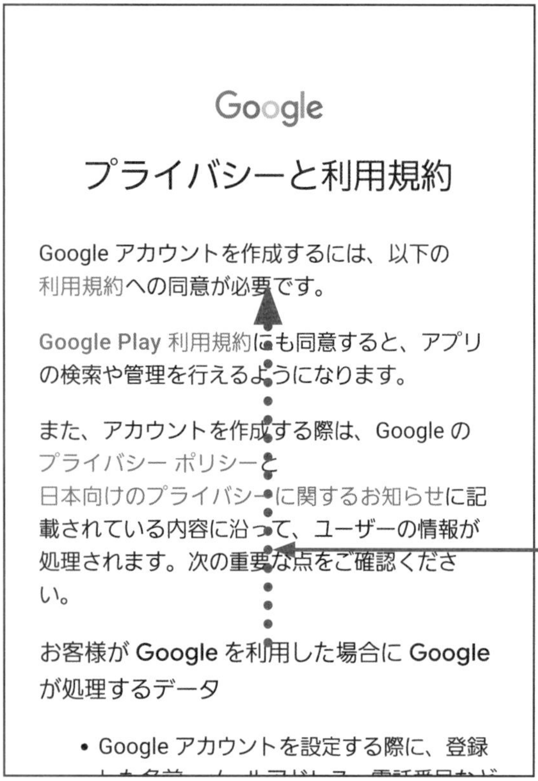
Google
プライバシーと利用規約
Google アカウントを作成するには、以下の利用規約への同意が必要です。
Google Play 利用規約にも同意すると、アプリの検索や管理を行えるようになります。
また、アカウントを作成する際は、Google のプライバシー ポリシーと日本向けのプライバシーに関するお知らせに記載されている内容に沿って、ユーザーの情報が処理されます。次の重要な点をご確認ください。
お客様が Google を利用した場合に Google が処理するデータ
• Google アカウントを設定する際に、登録

16 利用規約が表示されるので、画面を上方向に**スワイプ**して内容を確認します。

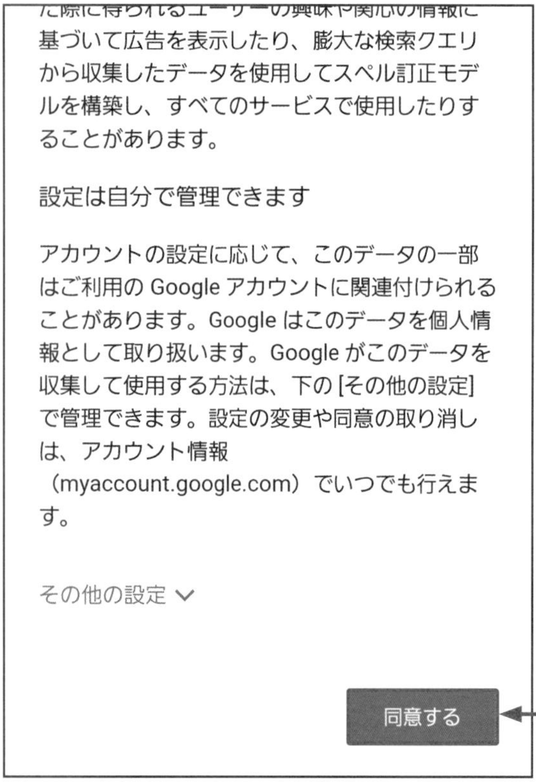
基づいて広告を表示したり、膨大な検索クエリから収集したデータを使用してスペル訂正モデルを構築し、すべてのサービスで使用したりすることがあります。
設定は自分で管理できます
アカウントの設定に応じて、このデータの一部はご利用の Google アカウントに関連付けられることがあります。Google はこのデータを個人情報として取り扱います。Google がこのデータを収集して使用する方法は、下の [その他の設定] で管理できます。設定の変更や同意の取り消しは、アカウント情報（myaccount.google.com）でいつでも行えます。
その他の設定
同意する

17 同意する を**タップ**します。

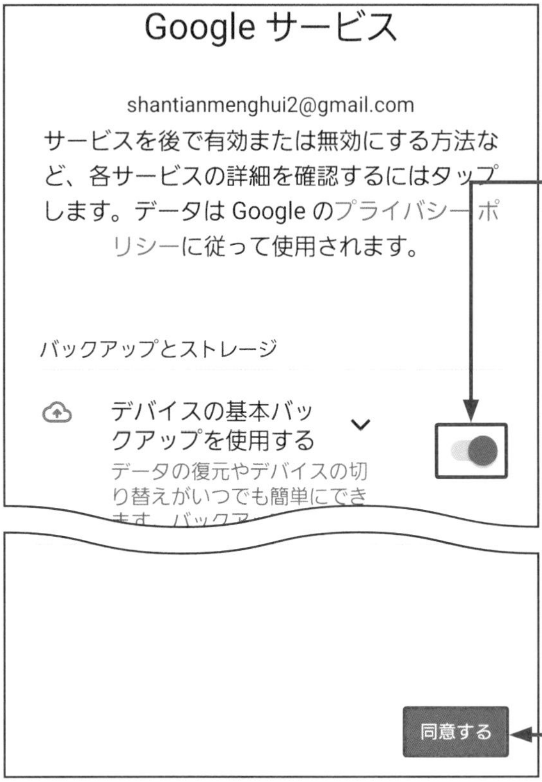

18 「Googleサービス」画面が表示されます。必要ないサービスは　をタップして　にします。

19 同意する をタップします。

20 「アカウントを管理」画面に作成したアカウントが追加され、スマートフォンにGoogleアカウントが設定されます。

ポイント

Googleアカウントを設定すると、「Gmail」アプリにメールが届きます。

終わり

Section 17

Wi-Fiを利用できるようにする

キーワード Wi-Fi・ネットワーク名・パスワード

◎Wi-Fiとは

スマートフォンでは、通常は携帯電話の電波を利用して通信やインターネットを利用しますが、それとは別に、Wi-Fiと呼ばれる通信を利用することができます。Wi-Fiは無線通信の一種で、家庭内や外出先でワイヤレスでインターネットに接続することができます。Wi-Fiでの通信は携帯電話のデータ使用量に含まれないので、通信料金を節約することができます。

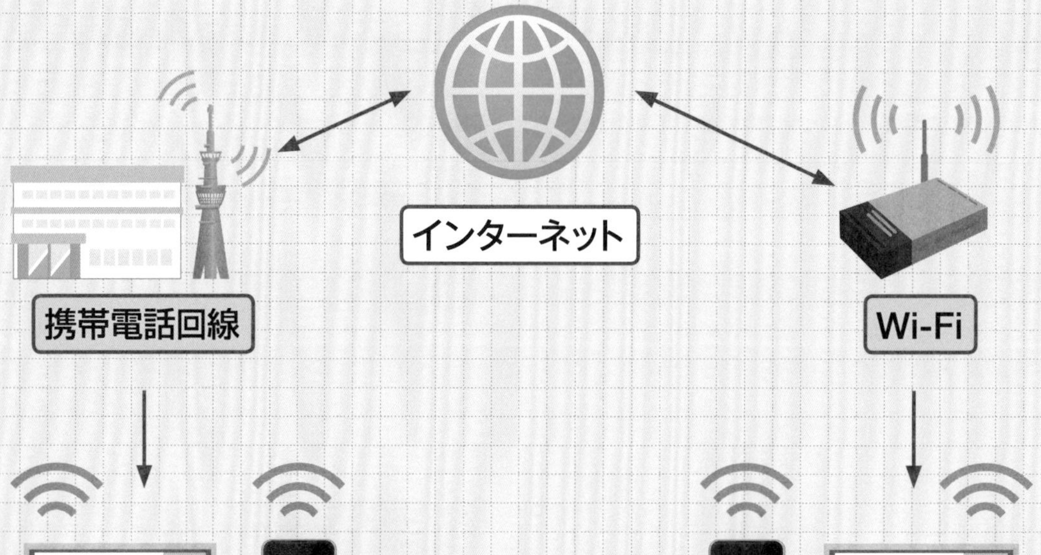

◎ 利用できるWi-Fiの種類

●自宅・会社のWi-Fi

自宅や会社にインターネット回線が引かれており、Wi-Fiを利用できる機器（ルーター）が設置されていれば、Wi-Fiを利用できます。

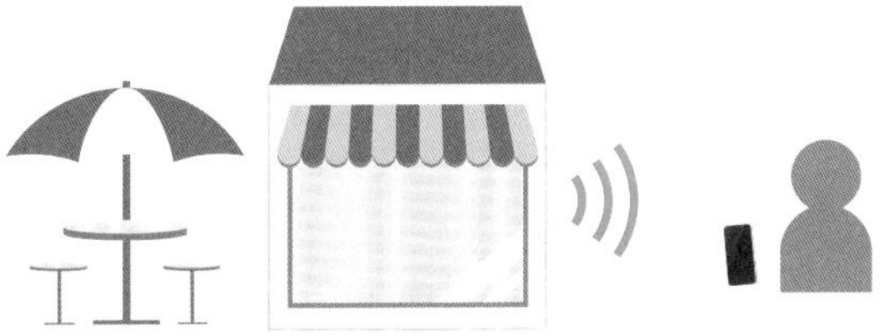

●公衆無線LAN

コンビニやカフェなどの店舗や施設などが提供しているWi-Fiサービスです。事前に登録が必要な場合があります。

●各携帯電話会社のWi-Fi

各携帯電話会社の回線を契約している場合、無料または格安のプランで利用できます。NTTドコモは回線の契約をしていなくても、dアカウントがあれば無料でWi-Fiを利用できます。

次へ

◎ Wi-Fi利用に必要なもの

自宅でWi-Fiに接続する場合は、インターネット回線とWi-Fiルーターなどのアクセスポイントが必要になります。Wi-Fiルーターとは、スマートフォンやパソコンなどのWi-Fiが利用可能な端末を、無線でインターネットに接続するための機器です。

Wi-Fiが利用できる環境を整えたら、93ページ以降の方法で、スマートフォンをWi-Fiに接続してみましょう。なお、接続には、使用するアクセスポイントのネットワーク名（SSID）やパスワード（暗号化キー）が必要です。これらの情報は、取扱説明書や無線ルーター本体で確認できるので、事前にメモなどを取っておくとよいでしょう。

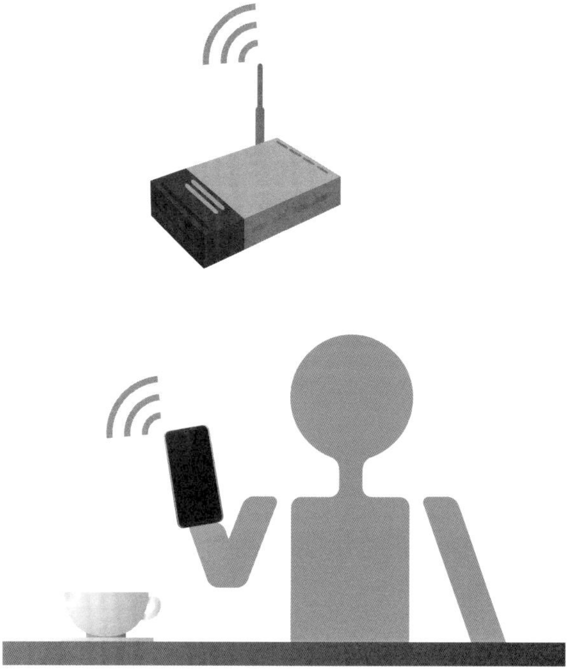

ポイント

お店が無料で提供しているWi-Fiサービスを利用する場合は、お店の人などにWi-Fi接続に必要な情報を確認しておきましょう。利用には公式サイトからの登録が必要な場合もあります。

◎ Wi-Fiに接続する

1 79ページの方法で「設定」画面を表示し、 接続 Wi-Fi、Bluetooth、SIMマネージャー をタップします。

ポイント

メニューの言葉や表示は機種によって異なります。

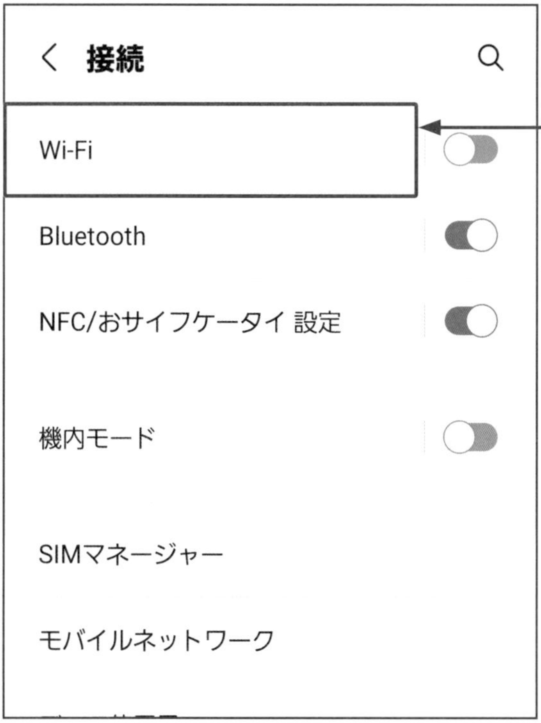

2 Wi-Fi をタップします。

次へ

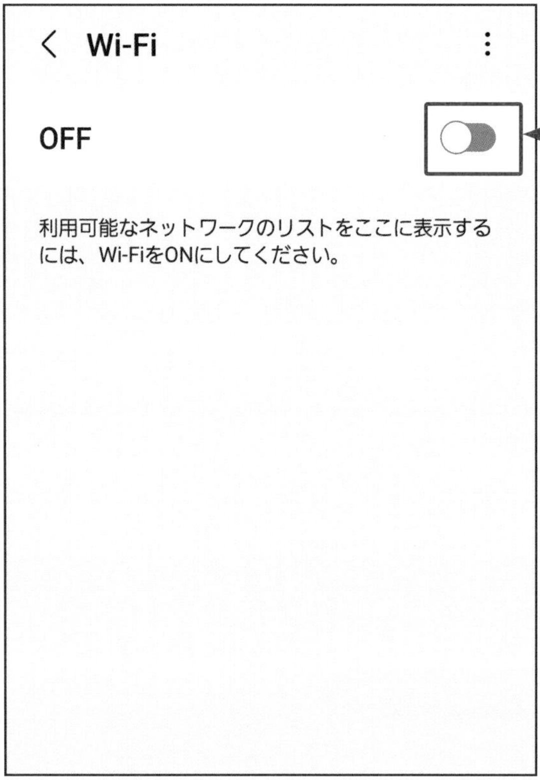

3 「OFF」のをタップし、にします。

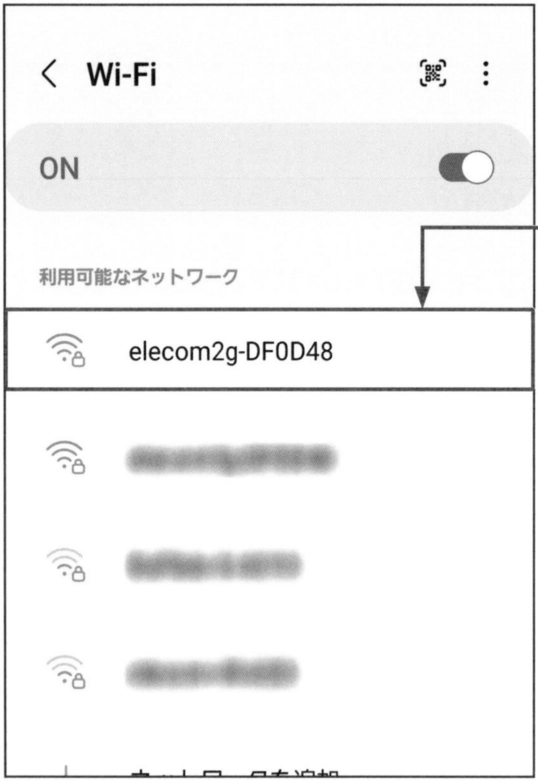

4 付近のWi-Fiのネットワーク名が表示されるので、利用可能なネットワーク名をタップします。

ポイント

携帯電話会社のスマートフォンでは、Wi-Fiを有効にしておくと、各携帯電話会社が提供しているWi-Fiサービスに自動で接続されます。

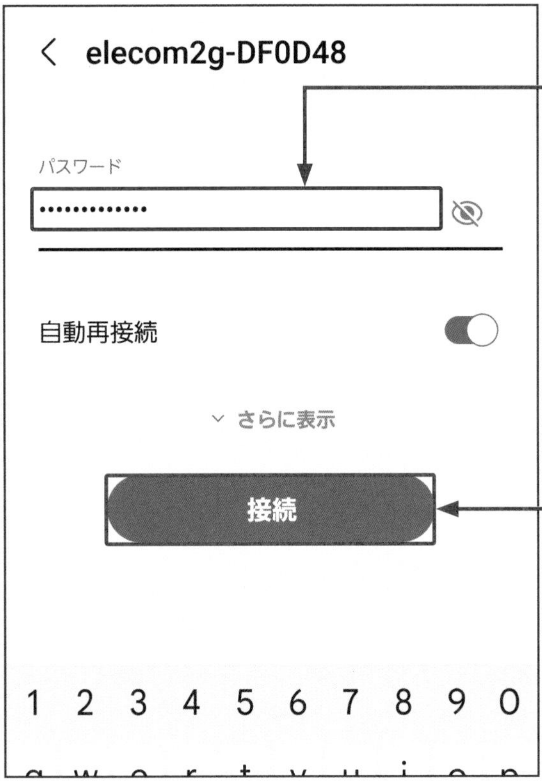

5 パスワードを入力します。

6 接続 をタップします。

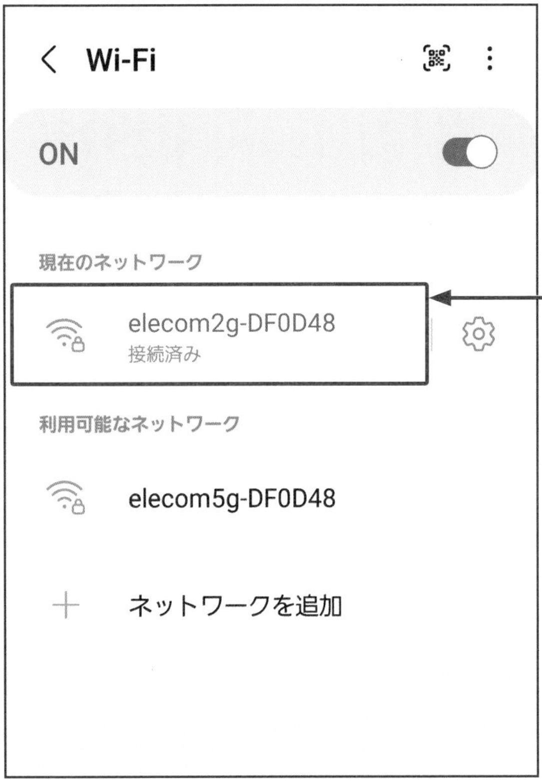

7 Wi-Fiに接続されます。

終わり

Section 18

Bluetoothを利用する

キーワード Bluetooth・接続・ペア設定

◎Bluetoothとは

Bluetoothは無線通信の一種で、対応している機器どうしを接続することによって、ワイヤレスでデータの送信・受信をしたり、ワイヤレスイヤホンやスピーカー、キーボードなどを利用したりすることができます。国際標準規格のため、対応機器であれば異なるメーカーどうしでも接続が可能です。

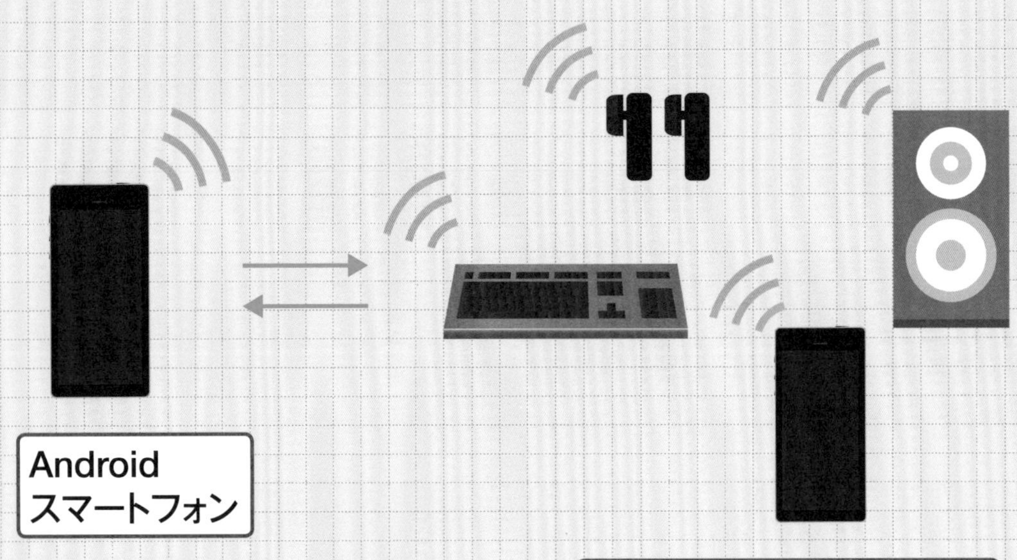

◎ Bluetoothで利用できる機器

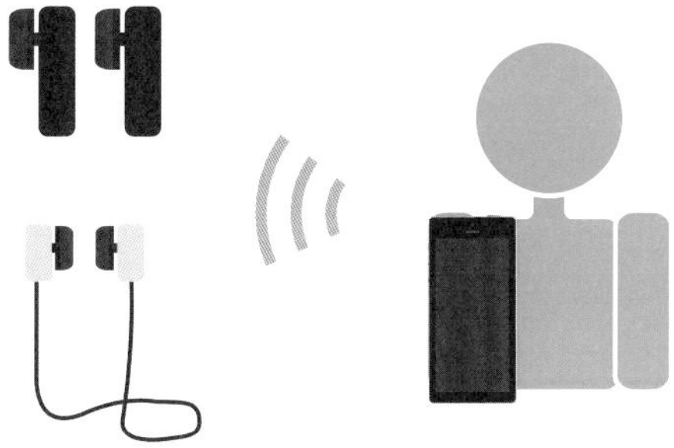

●ワイヤレスイヤホン

ワイヤレスで音楽の視聴や通話が可能です。ケーブルが絡まってしまったり、断線したりするリスクを軽減できます。

●キーボード

Bluetoothでキーボードと接続することにより、スマートフォンでキーボードからの入力が可能になります。パソコンを持ち歩いていない外出先でも、キーボード入力ができます。

●ほかのスマートフォン

写真や動画などのデータの受け渡しができますが、意図しないデバイスとの通信を防ぐため、普段はオフに設定しましょう。

次へ

◎ Bluetoothで機器を接続する

1 79ページの方法で「設定」画面を表示し、［接続 Wi-Fi、Bluetooth、SIMマネージャー］をタップします。

ポイント

機種によっては「機器接続」「接続」などの場合もあります。

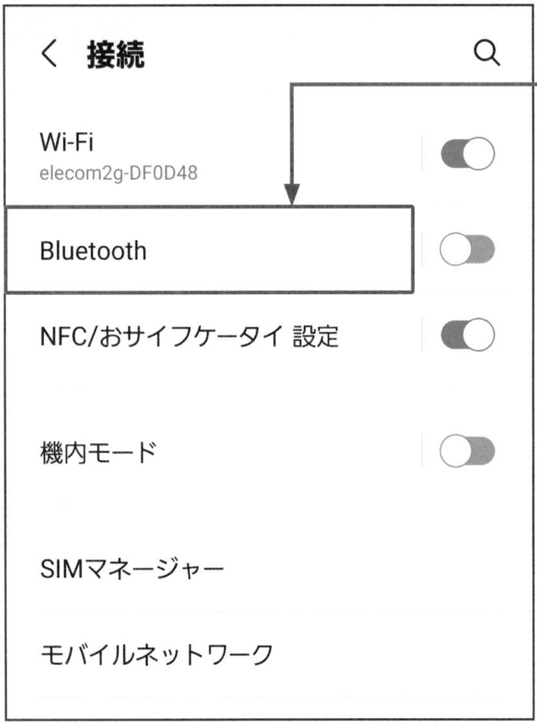

2 ［Bluetooth］をタップします。

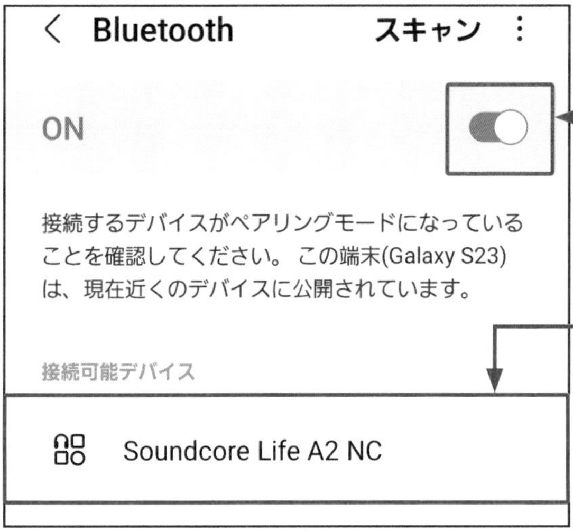

3 をタップして、にします。

4 接続したい機器（ここでは Soundcore Life A2 NC）をタップします。

5 ペアリング をタップします。

ポイント

接続する機器によっては、数字（PINコード）の入力が必要な場合があります。

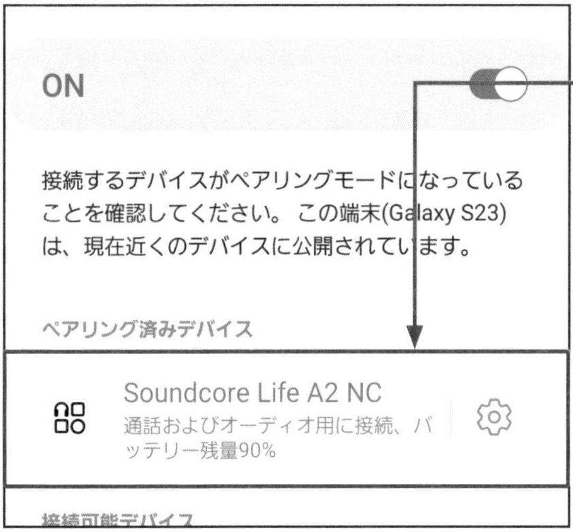

6 機器がペアリングされます。

終わり

Section 19

セキュリティロックを設定する

キーワード セキュリティロック・PINコード・ロック解除

◎ほかの人が利用できないようにするには

Sec.05で紹介したロック画面を解除するときに、セキュリティロックを設定することで、ほかの人に使用されることを防止できます。

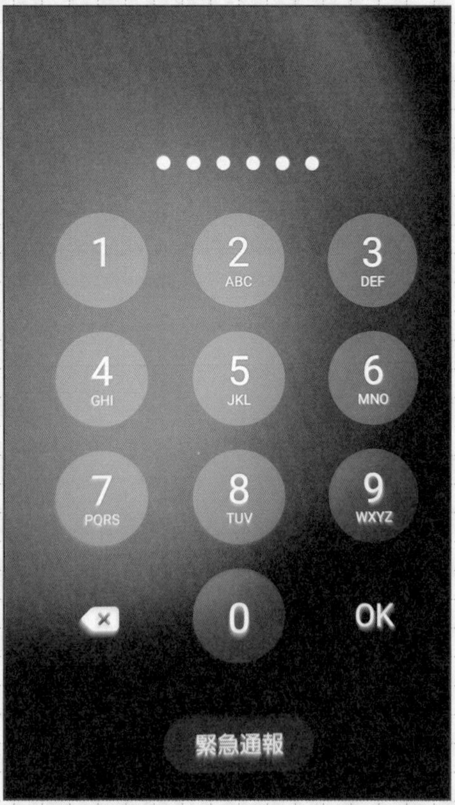

ロック解除画面を上方向にスワイプします。

数字の入力が求められます(PINの場合)。

◎ 主なセキュリティロックの種類

● パターン

4～9つの点を結び、ロックを解除します。

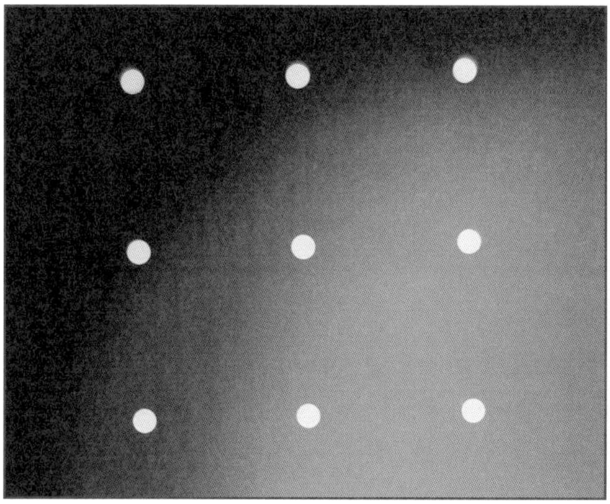

● PIN

6桁以上の数字を組み合わせてロックを解除します。

● パスワード

4文字以上の半角英数字でロックを解除します。

● 生体認証

ほかのセキュリティロックと組み合わせて、指紋や顔で解除します。

次へ

◎ PINを設定する

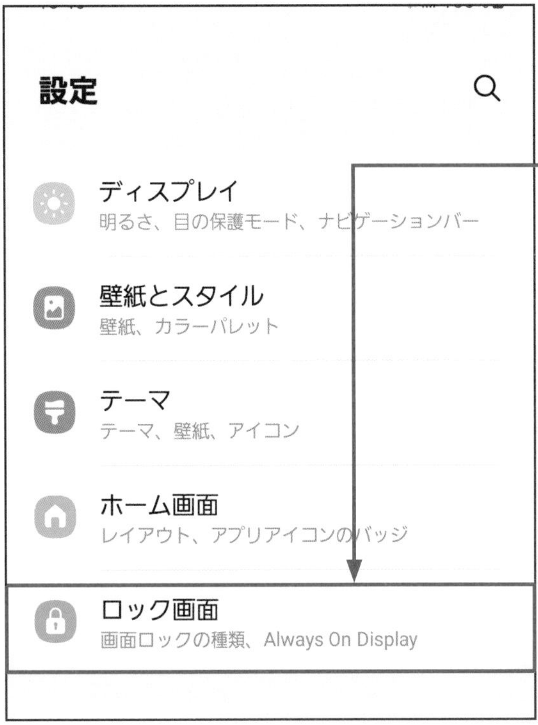

1 79ページの方法で「設定」画面を表示し、［ロック画面 画面ロックの種類、Always On Display］をタップします。

ポイント

メニューの言葉や表示は機種によって異なります。

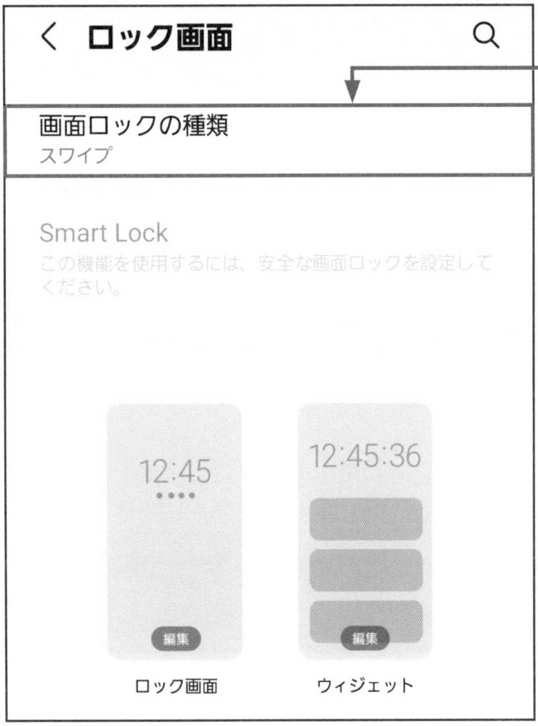

2 ［画面ロックの種類 スワイプ］をタップします。

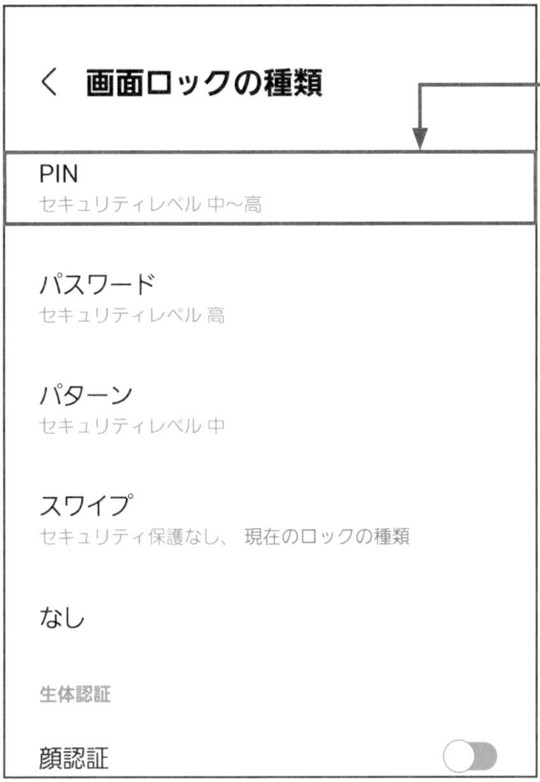

3 PIN セキュリティレベル 中〜高 をタップします。

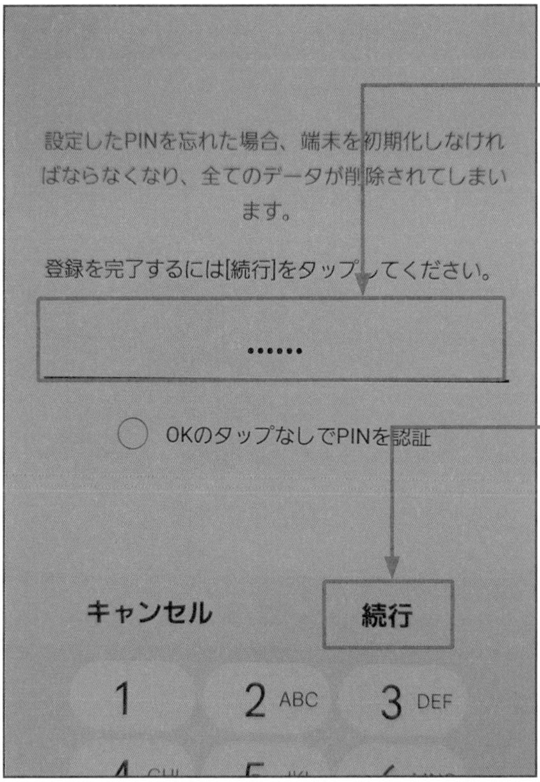

4 任意の数字を入力します。

5 続行 をタップすると、確認画面が表示されるので、もう一度PIN（手順**4**の数字）を入力し、OK をタップします。

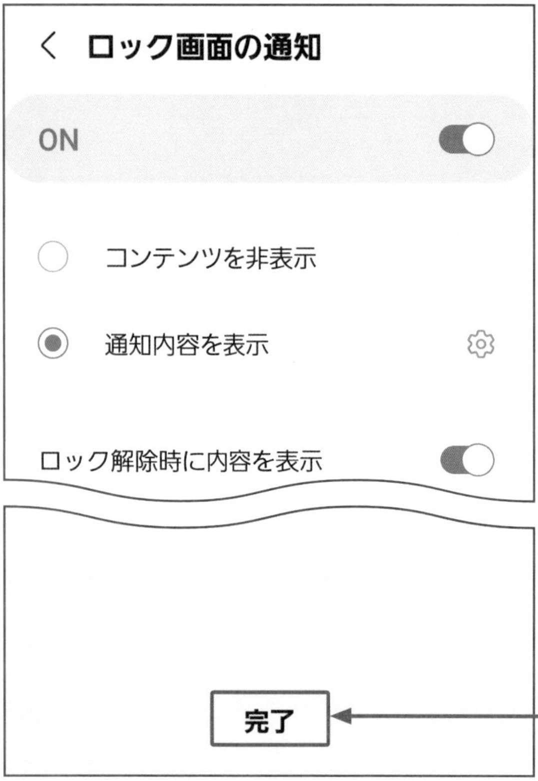

6 「ロック画面の通知」画面で、**完了** をタップすると、「[リモートロック解除]をONにしますか?」と表示されるので、[キャンセル]または[ON]をタップします。

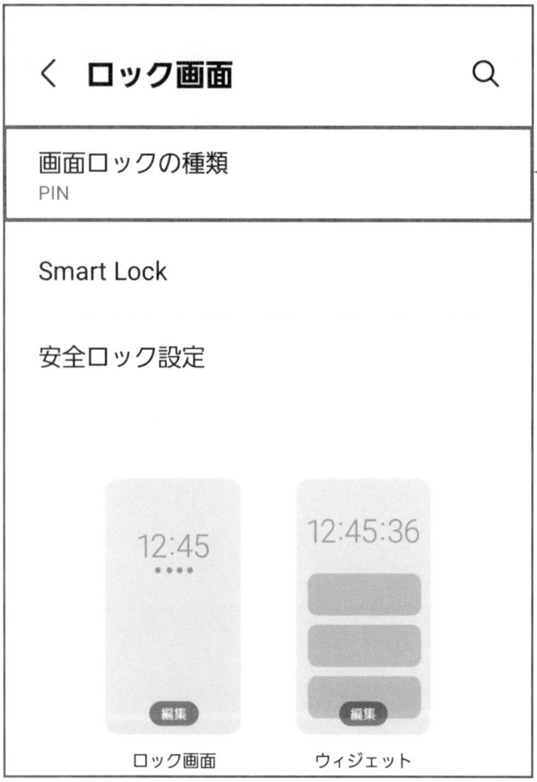

7 ロックが設定されます。

◎ PINで画面ロックを解除する

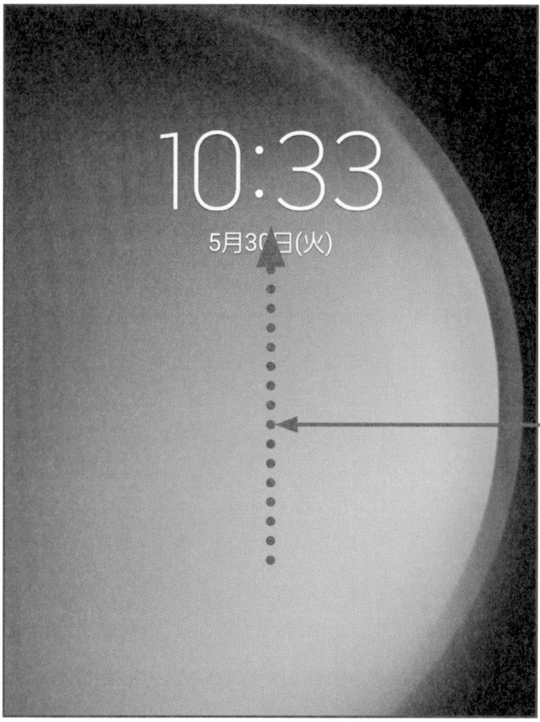

1 電源キーを押し、画面を上方向に**スワイプ**します。

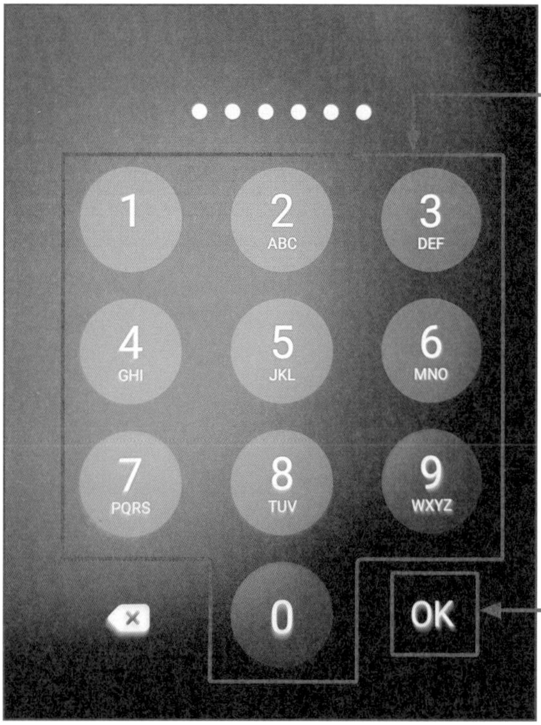

2 数字を**タップ**して PINを**入力**します。

3 **OK** を**タップ**すると、ロックが解除されます。

終わり

Section 20

マナーモードや音量を設定する

キーワード マナーモード・音量・通知音

◎スマートフォンから鳴る音の種類

Androidスマートフォンから発する音には、主に「着信音」「メディア」「通知」「システム」の4種類があり、それぞれの音量を個別に設定することができます。用途に応じて音量を設定しましょう。

音量メニューをタップします。

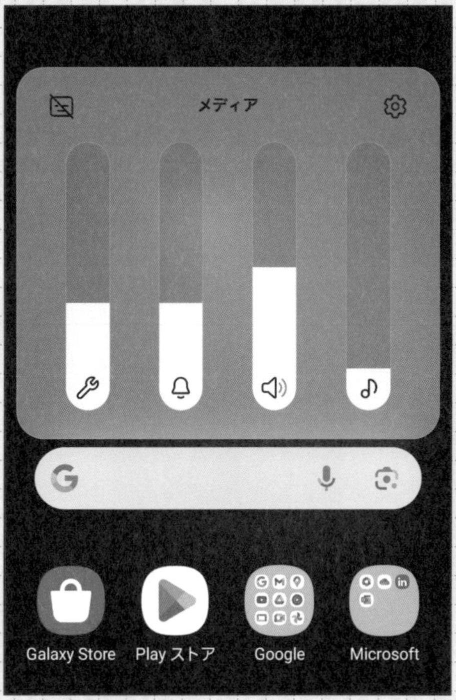

音量を個別に設定できます。必要な機能だけ音を鳴らすようにしましょう。

◎ マナーモードを設定する

1 本体の音量キーを押します。

2 ［…］をタップします。

ポイント

機種によっては、クイック設定パネルにマナーモード設定ボタンがあります。

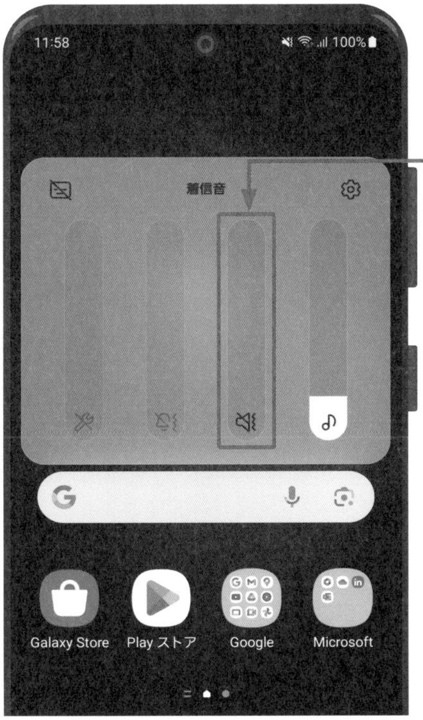

3 白色の部分を下方向にドラッグすると、スマートフォンが振動し、バイブモードになります。

次へ

◎ 通話中にスピーカーの音量を変える

1 通話中に音量キーを押します。

2 をタップします。

3 通話音量が変更できます。

◎ 通知音の音量を設定する

1 音量キーを押します。

2 ⋯ をタップします。

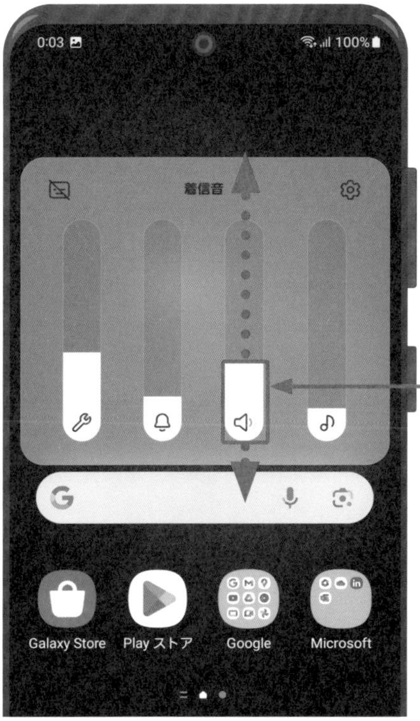

3 各項目の白色の部分を上下にドラッグして、音量を調節します。

ポイント

音量の変更は、「設定」画面の「サウンドとバイブ」からも行うことができます（110ページ参照）。

次へ

◎ 通知音を変更するには

通知音の変更には、「設定」アプリや、各アプリから個別に行うことができます。それぞれのアプリに合わせた通知音を設定しましょう。

●「設定」アプリ

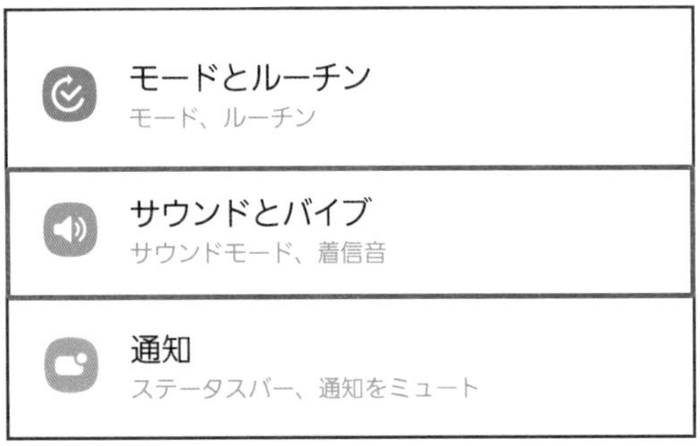

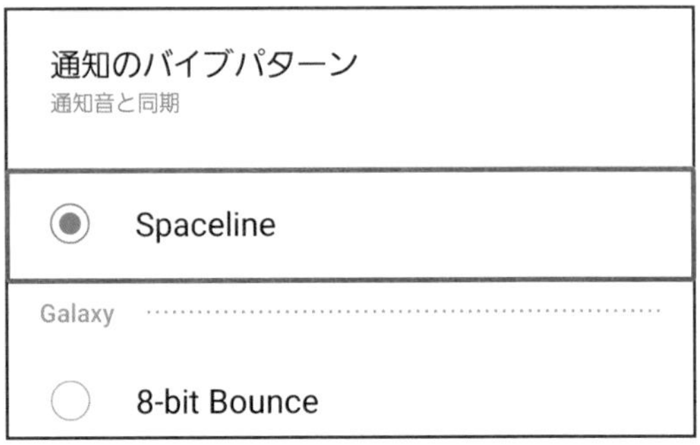

「設定」画面で［サウンドとバイブ サウンドモード、着信音］→［通知音 Samsungブランドサウンド / Spaceline］の順にタップします。

通知音などが変更できます。

●各種アプリ

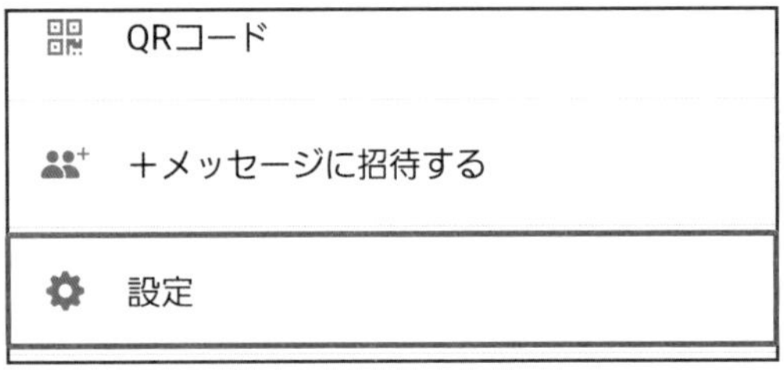

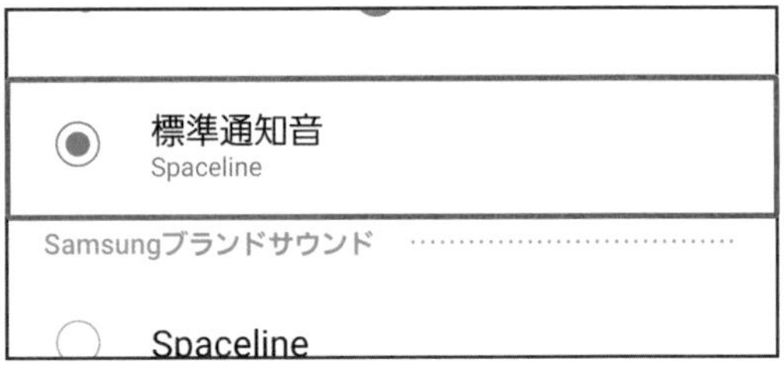

アプリ（ここでは「+メッセージ」アプリ）を起動し、［マイページ］→［設定］の順にタップします。

［通知］→［通知音設定 デフォルト（Spaceline）］の順にタップすると、通知音の変更ができます。

終わり

電話を利用する

4

この章でできること

- 電話のかけ方・受け方を知る
- 「連絡先」アプリを利用する
- 不在着信の確認方法を知る
- 着信拒否を設定する
- 留守番電話の使い方を確認する

Section 21

電話をかける・受ける

キーワード 電話・電話番号・連絡先

◎電話をかけるには?

スマートフォンから電話をかけるためには、電話番号を直接入力する方法と、連絡先から呼び出す方法があります。

[電話] アプリをタップします。

[キーパッド] をタップして、番号を入力、または [連絡先] をタップして、登録した番号から電話をかけます。

◎ 電話番号を入力して電話をかける

1 ホーム画面でをタップします。

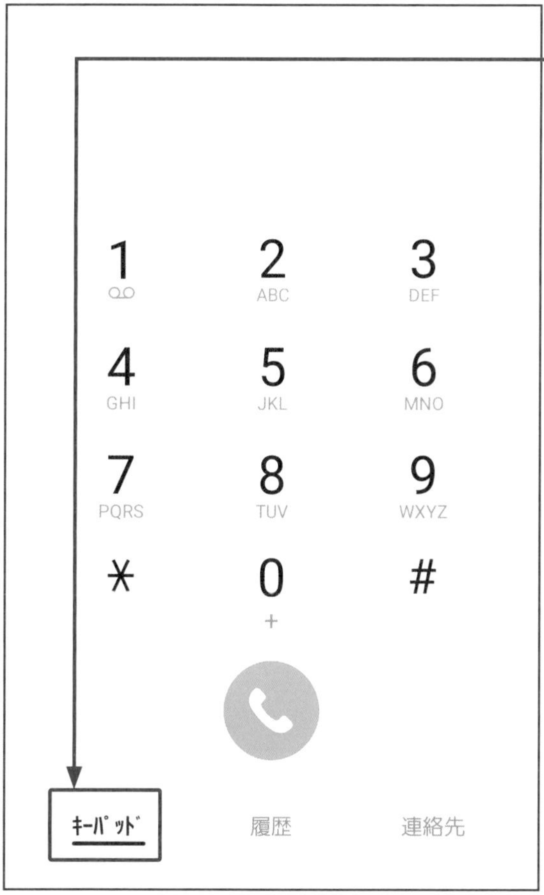

2 ｷｰﾊﾟｯﾄﾞ をタップします。

ポイント

機種によっては画面下部のをタップします。

次へ

3 電話をかけたい相手の番号をタップします。

4 をタップします。

5 相手に発信されます。

ポイント

自分の電話番号は、「設定」アプリから確認することができます。

◎ 電話を受ける

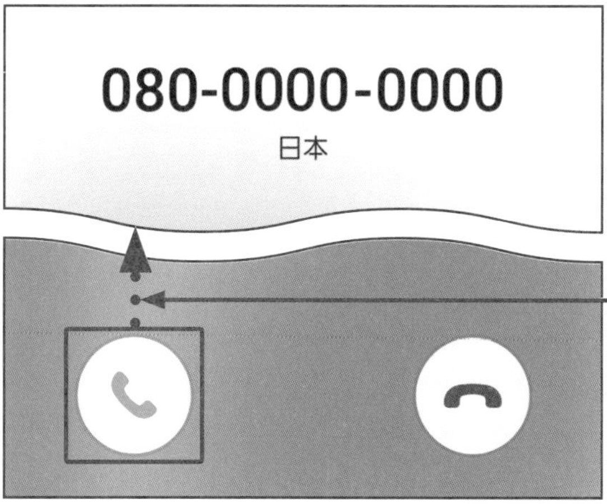

1 スリープ時に着信があった場合、📞を上方向にスワイプします。

ポイント

機種によって、電話の受け方は異なります。アイコンをタップする場合もあります。

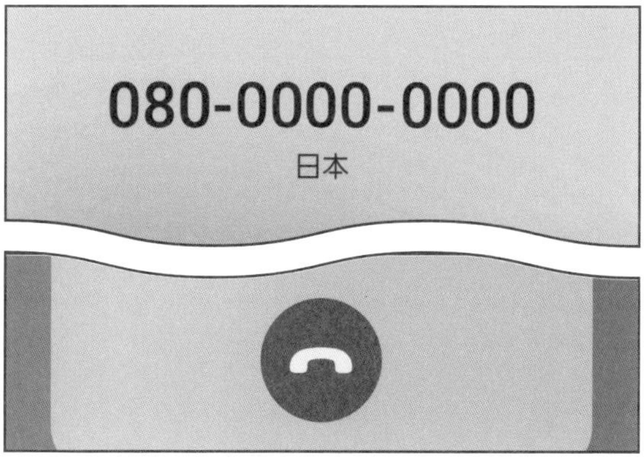

2 通話をします。

コラム　スマートフォンを利用中に電話を受ける

スリープ状態と、スマートフォンを利用中では、着信時の表示が異なります。上記で紹介している操作は、スリープ状態のときです。スマートフォンの利用中に着信があった場合は、ポップアップ通知（60ページ参照）が表示され、📞をタップして電話を受けることができます。

終わり

Section 22

連絡先から電話をかける

キーワード 連絡先・登録・電話

◎スマートフォンの「連絡先」アプリ

家族や友人などの電話番号を「連絡先」アプリに登録しておけば、すぐに電話をかけることができます。

［連絡先］アプリをタップします。

「連絡先」アプリに登録している名前が表示されます。

◎ 連絡先をスマートフォンに登録する

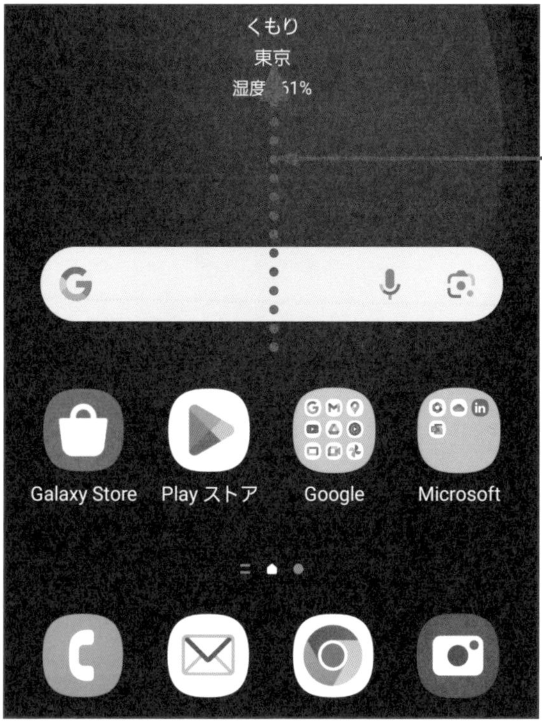

1 ホーム画面で画面を上方向にスワイプします。

ポイント

機種によっては、ホーム画面に「連絡先」アプリがあります。

2 をタップします。

ポイント

機種によって「連絡先」アプリの名称やアイコンが異なります（122～123ページ参照）。

次へ

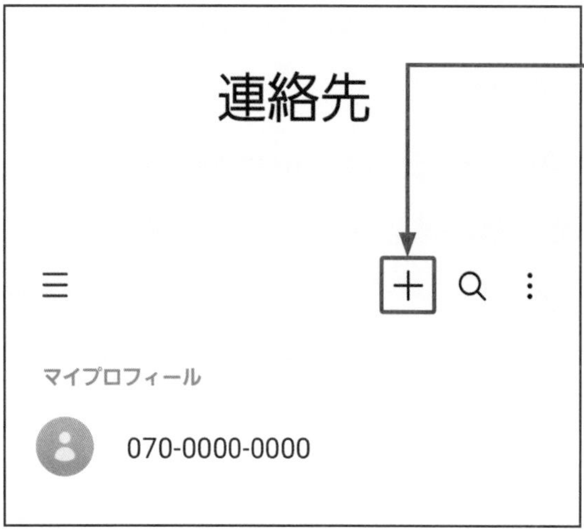

3 ＋をタップします。

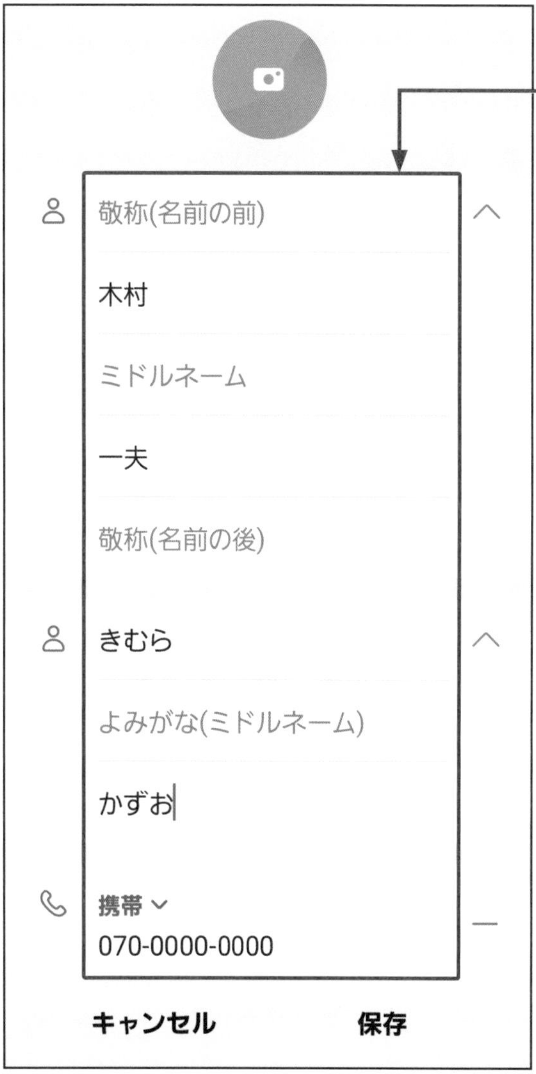

4 名前や電話番号を入力します。

5 メールアドレスなど、そのほかの情報を**入力**します。

ポイント

登録する情報は任意で、すべての項目を入力する必要はありません。また、[さらに表示]をタップすることで項目を追加することもできます。

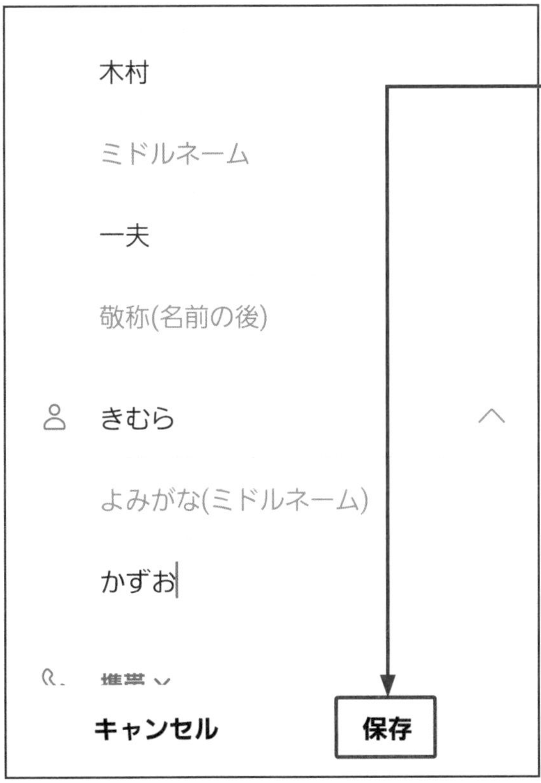

6 **保存** を**タップ**すると連絡先が保存されます。

次へ

◎ 連絡先に登録した相手に電話をかける

1 アプリ一覧画面で　をタップします。

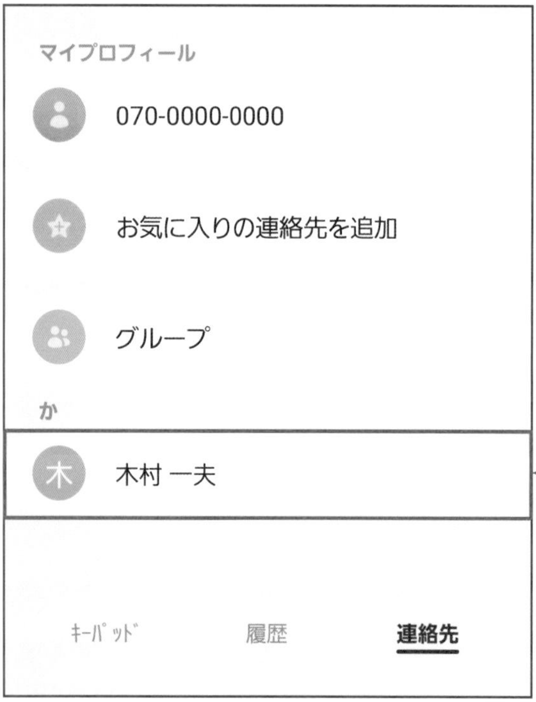

2 電話をかけたい相手をタップします。

3 連絡先が表示されます。をタップ します。

4 電話が発信されます。

次へ

◎「連絡先」アプリの種類

「連絡先」アプリは、機種によってアイコンや名称が異なりますが、電話やメールなどの連絡先情報を登録するという機能は、基本的に同じです。

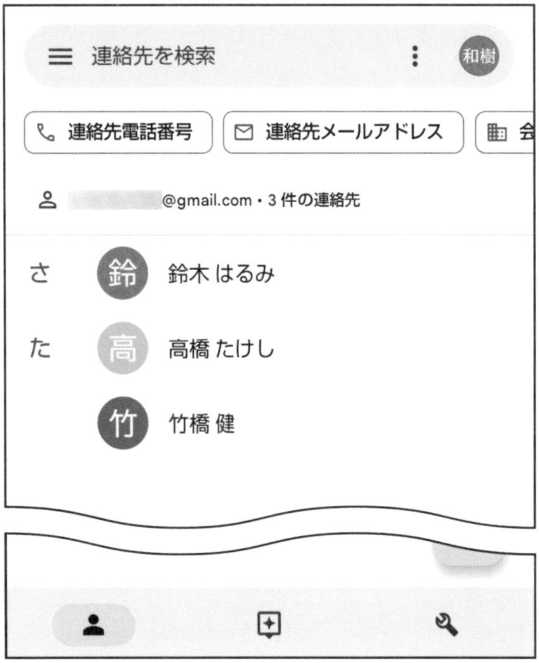

●AQUOSシリーズの「連絡帳」

AQUOSシリーズ（シャープ製機種）の連絡帳アプリです。Googleのサーバーに連絡先情報を保存することができます。

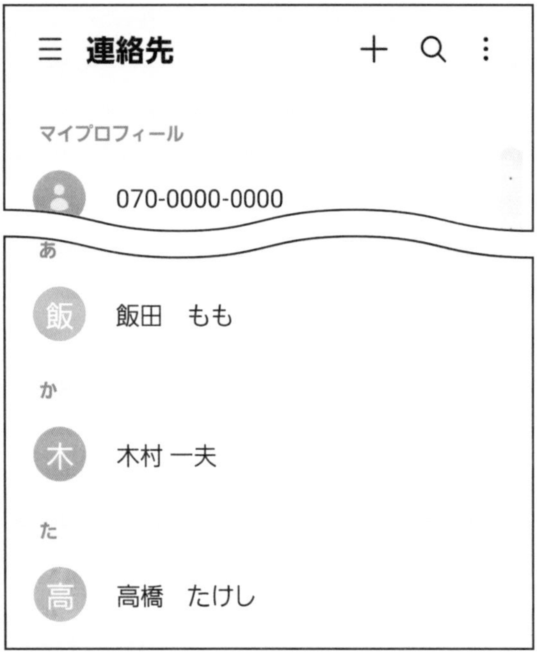

●Galaxyシリーズの「連絡先」

Galaxyシリーズ（サムスン電子製機種）の連絡先アプリです。GoogleやGalaxyアカウントのサーバーに連絡先情報を保存することができます。

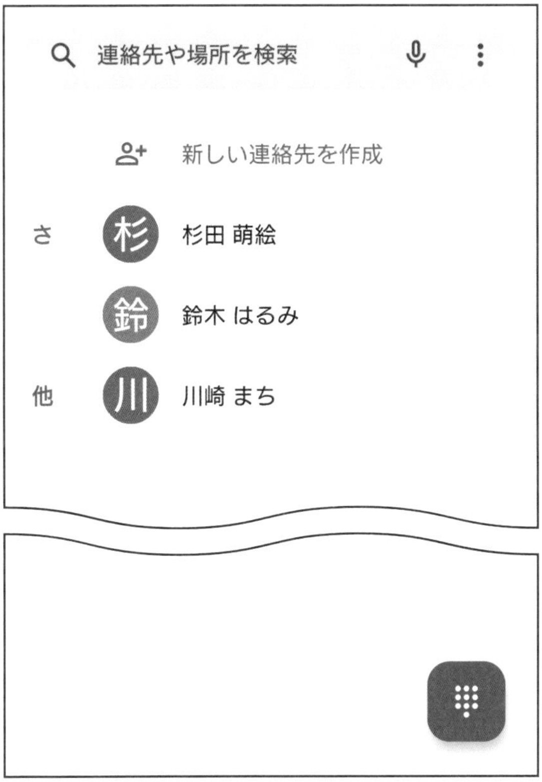

●Xperiaシリーズ

Xperiaシリーズ（ソニーモバイルコミュニケーションズ製機種）では、「電話」アプリの機能の一つに連絡先情報の作成・登録があります。Googleサーバーに連絡先情報を保存することができます。

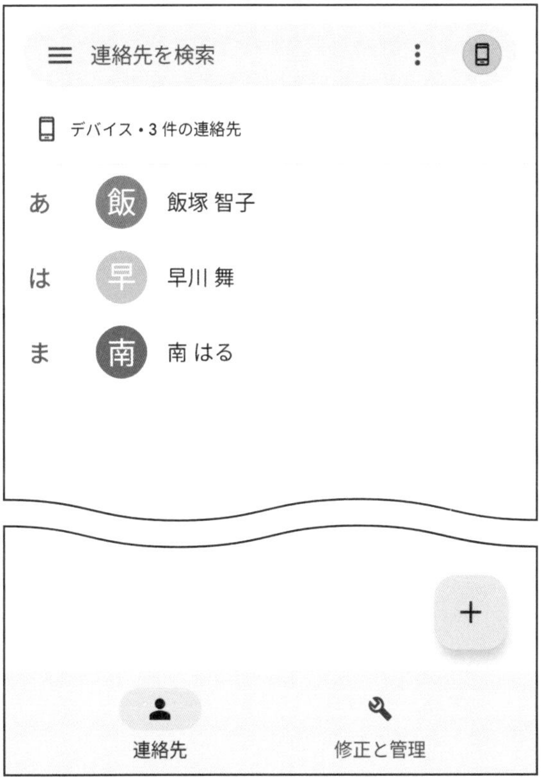

●Google Pixelシリーズ

Google Pixelシリーズ（Googleが設計開発している機種）の連絡帳アプリです。カスタム項目の追加ができます。

終わり

Section 23

通知や履歴から電話をかける

キーワード 不在着信・通知・履歴

◎不在着信にかけるには

不在着信があった場合は、通知や履歴から相手に電話をかけ直すことができます。ここでは、不在着信のお知らせを確認する方法や、通知・履歴からかけ直す方法を紹介します。

●通知

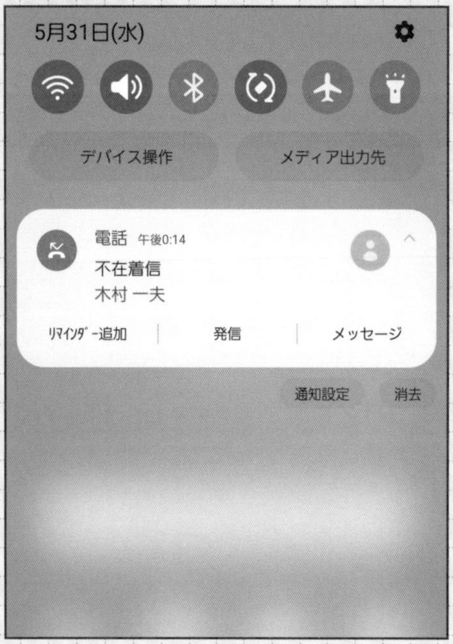

不在着信の確認や、コールバックなどができます。

●履歴

不在着信や電話に出られなかった履歴は、アイコンなどの表示が変わります。

◎ 不在着信のお知らせを確認するには

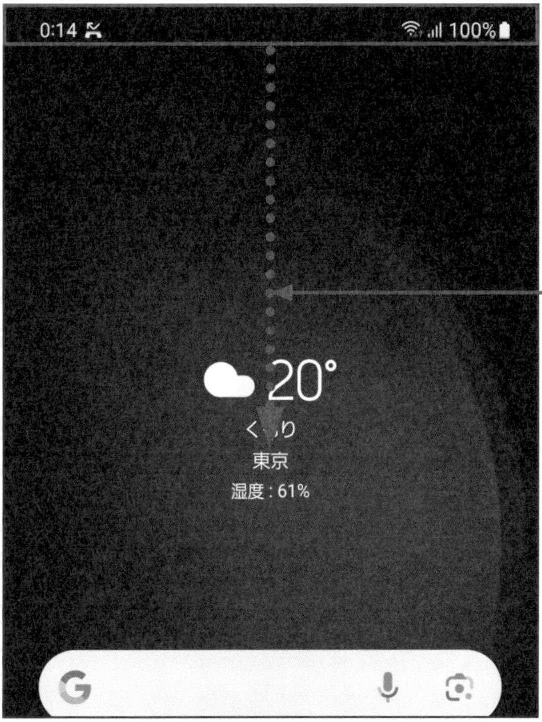

1 ステータスバーを下方向にドラッグします。

ポイント

不在着信があった場合は、ステータスバーに通知アイコン（ここでは）が表示されます。

2 通知パネルが表示され、不在着信のお知らせを確認できます。

次へ

◎ 通知から電話をかける

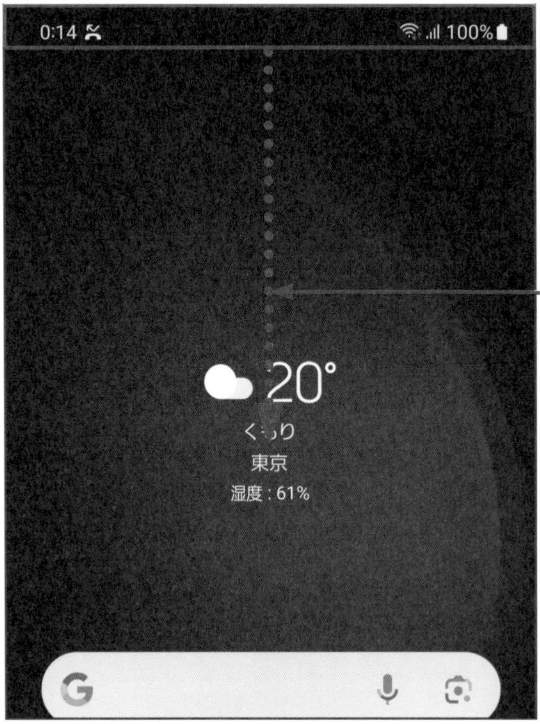

1 ステータスバーを下方向にドラッグします。

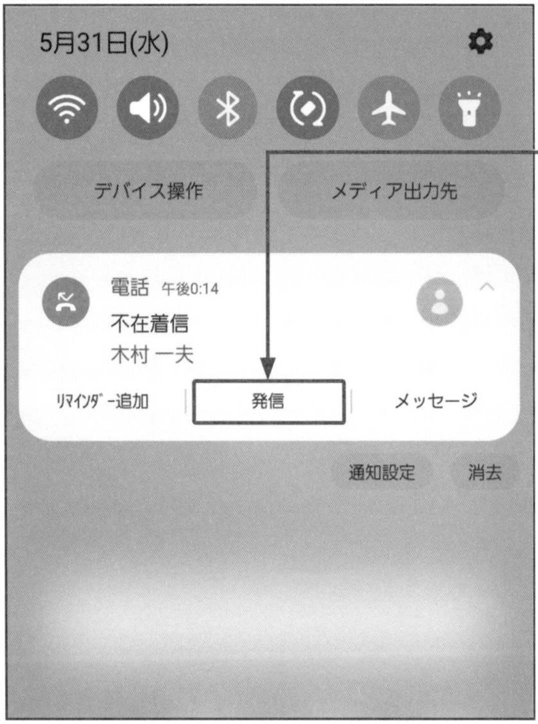

2 不在着信の 発信 をタップすると、電話をかけることができます。

ポイント

機種によっては、電話マークのアイコンをタップしたり、「不在着信」の通知をタップして、[かけ直す] などをタップしたりします。

◎ 履歴から電話をかける

1 ホーム画面で をタップ します。

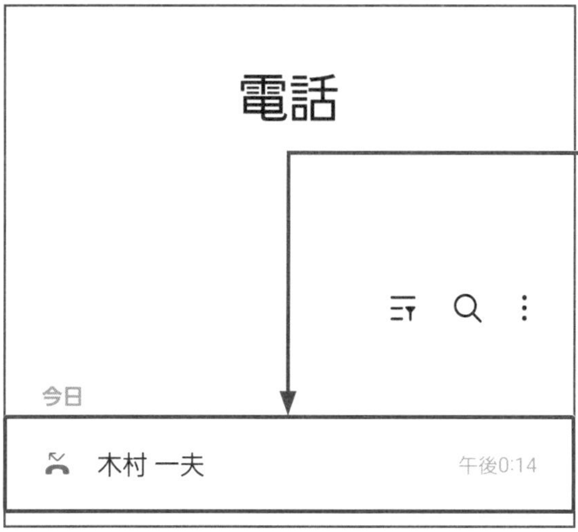

2 発着信履歴が一覧で表示されるので電話をかける相手をタップ します。

ポイント

機種によっては、［通話履歴］［履歴］［不在］などをタップします。

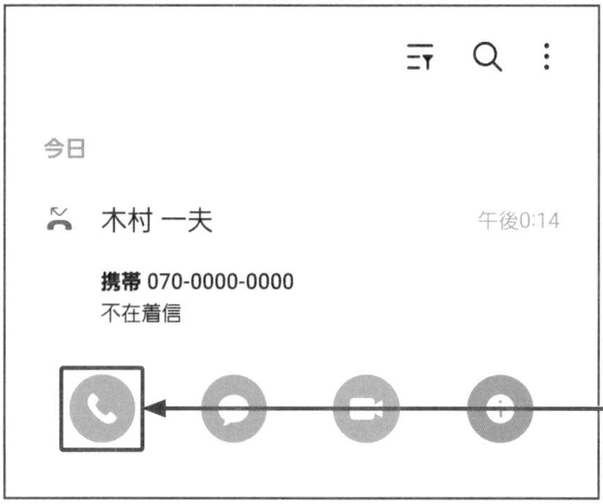

3 をタップ すると、電話をかけることができます。

終わり

Section 24

着信拒否を設定する

キーワード 着信拒否・本体設定・キャリア設定

◎着信拒否の種類

着信拒否の設定には、本体から行う方法と、携帯電話会社の着信拒否サービスを利用する方法の2種類があります。ここでは、本体設定から着信拒否設定を行う方法を紹介します。

●本体設定

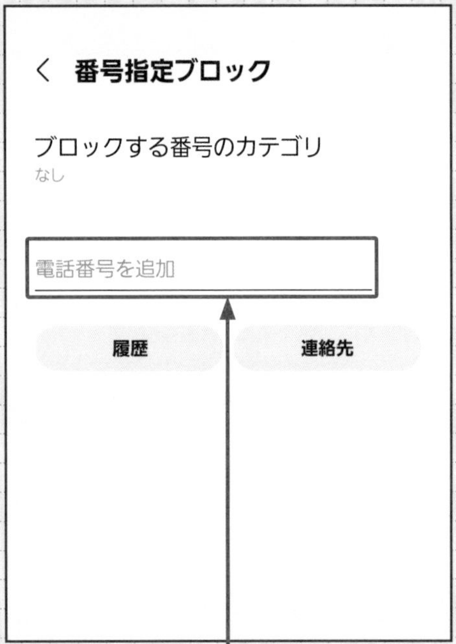

「電話」アプリの設定から、着信拒否したい番号を入力します。

●携帯電話会社設定（ドコモ）

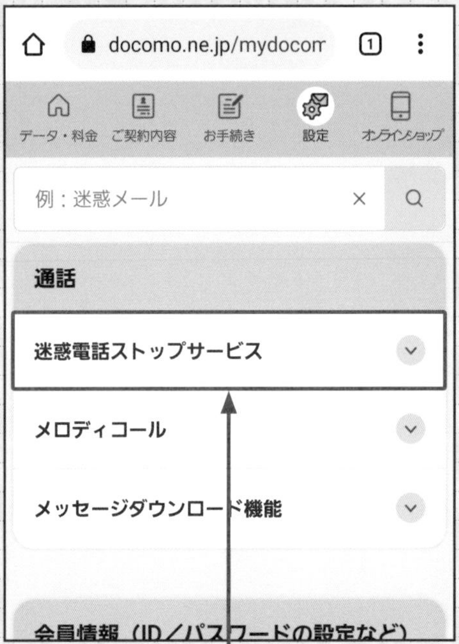

My docomo（お客様サポート）から設定できます（dアカウントが必要）。

◎ 着信拒否設定を表示する

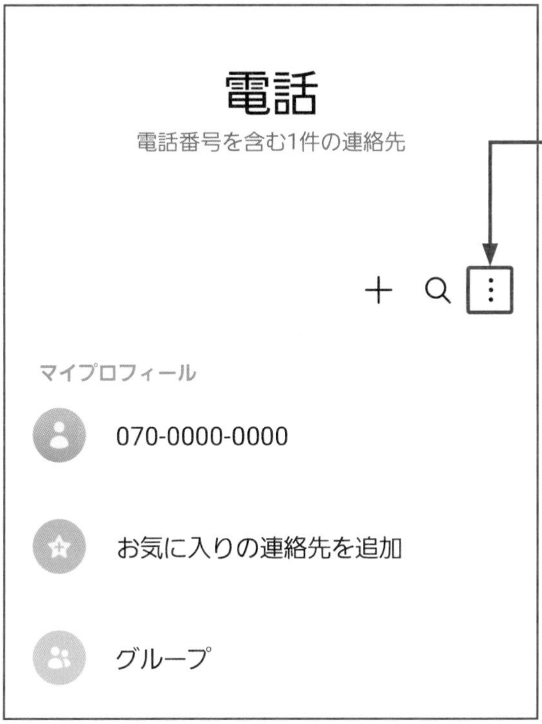

1 113ページの方法で「電話」アプリを起動し、⋮ をタップします。

ポイント

機種によっては、「設定」アプリの「通話」などから設定する場合もあります。

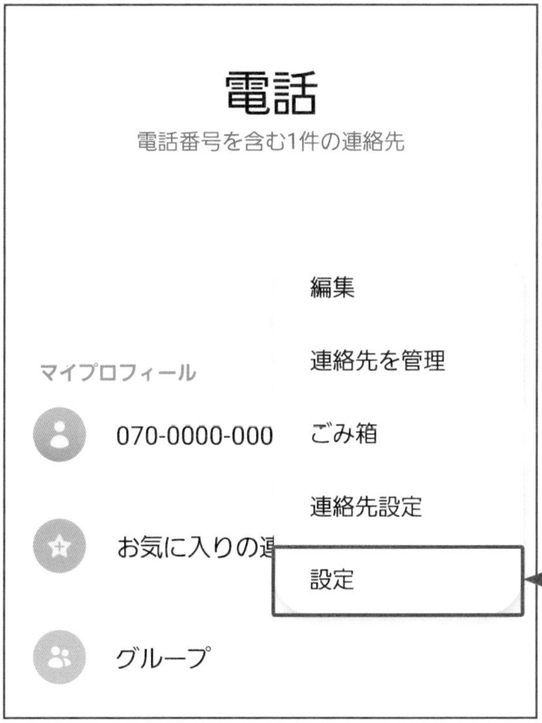

2 設定 をタップします。

次へ

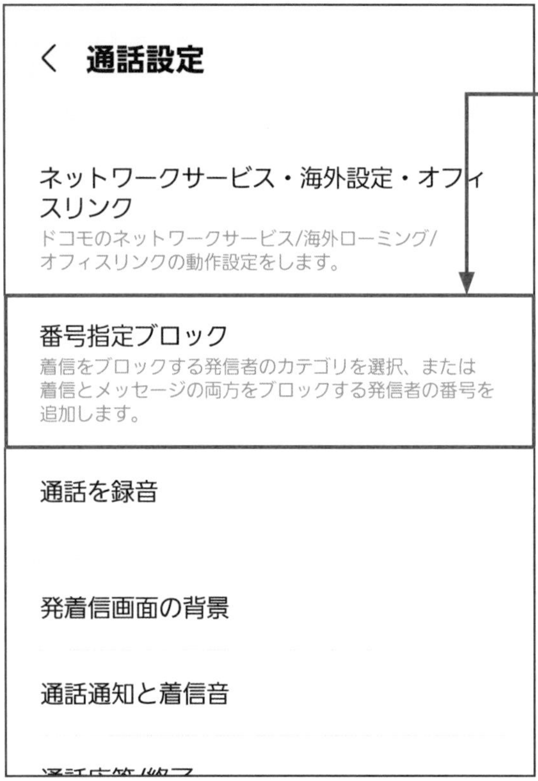

3 番号指定ブロック 着信をブロックする発信者のカテゴリを選択、または着信とメッセージの両方をブロックする発信者の番号を追加します。 をタップします。

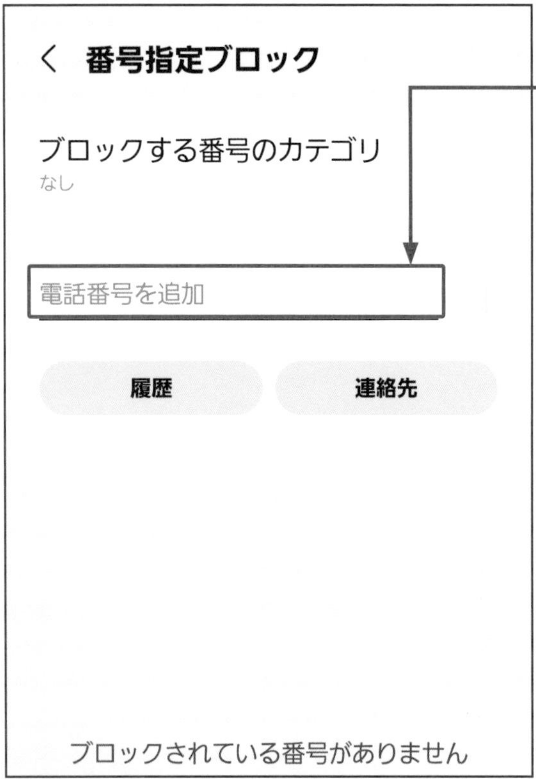

4 電話番号を追加 をタップします。

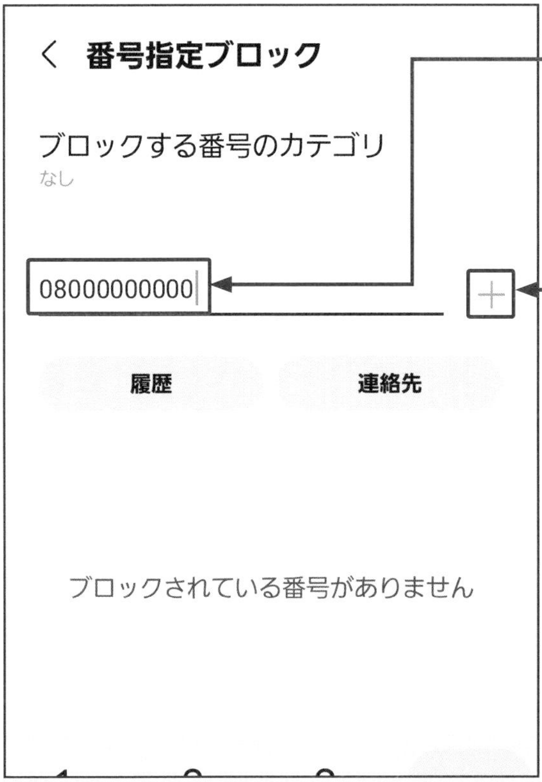

5 番号を**入力**します。

6 ＋をタップします。

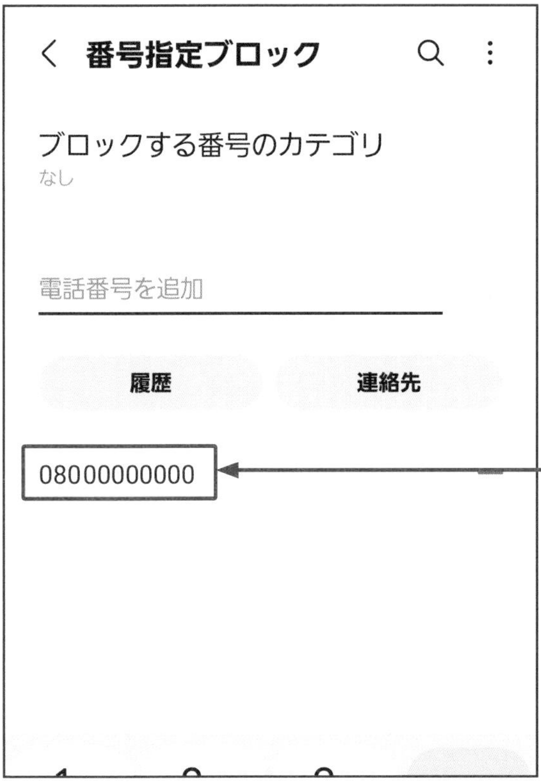

7 入力した番号が着信拒否に登録されます。

ポイント

着信拒否に設定した相手が電話をすると、電話に出られない旨のアナウンスが流れます。

終わり

Section 25

留守番電話を利用するには

キーワード 留守番電話・簡易留守録・スマート留守電

留守番電話サービス

留守番電話機能を利用するには、携帯電話会社やMVNOでサービス利用の契約が必要です。また、留守番電話アプリをインストールすることでも留守番電話機能を利用できます(Sec.41参照)。なお、機種によっては、本体に「簡易留守録」などの簡易留守番電話機能を持つものもあります。

●簡易留守録

スマートフォンの電源が切れている場合や、圏外の場合は録音できませんが、無料で利用できます。

●「スマート留守電」アプリ

月額319円で留守電の内容と発信者が文字と音声で届く、留守番電話アプリです。

●携帯電話会社以外の留守番電話サービス料金

	月額料金
Y!mobile	無料(一部機種は110円)
UQ mobile	330～440円(プランによる)
IIJmio	330円
mineo	330円

終わり

メールを利用する

5

この章でできること

- メールの種類を知る
- 電話番号でメッセージを送る
- Gmailの使い方を知る
- メールに写真を添付する
- 会社のメールを利用する

Section 26

スマートフォンで利用できるメール

キーワード SMS・Gmail・メール

メールの種類と利用アプリ

Androidスマートフォンでは、GoogleのメールサービスGmailやパソコンで利用しているメールを利用することができます。また、SMSが利用できる契約であれば、電話番号を利用してメールのやり取りができます。加えて、携帯電話会社の販売するスマートフォンでは、各携帯電話会社のメールサービスが利用できます（Sec.27参照）。

SMS（Short Message Service）

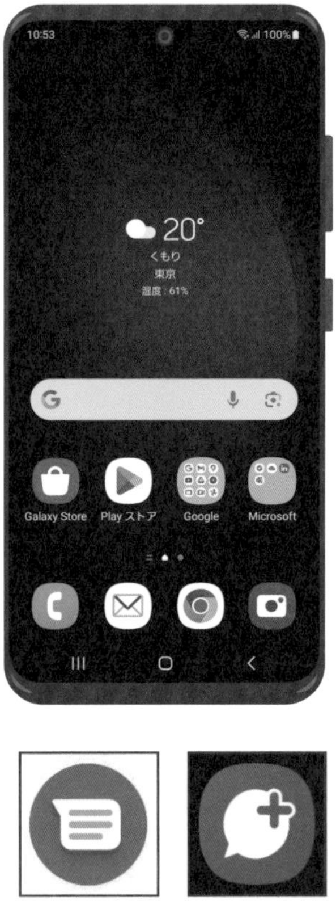

携帯電話どうしでのみ利用できるメールです。相手の携帯電話番号宛てにメッセージを送信します（Sec.28参照）。

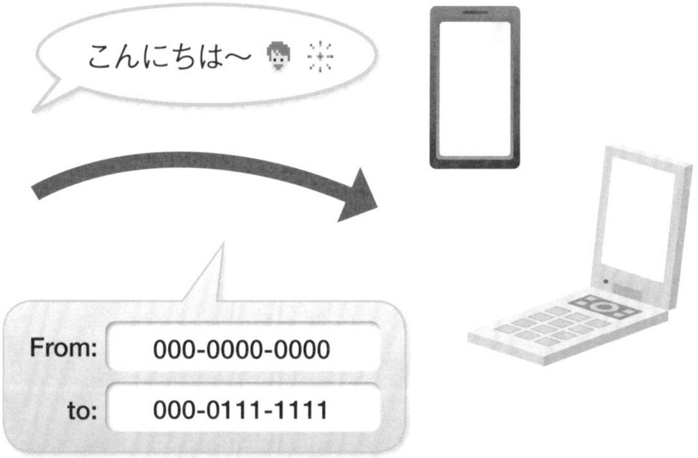

Gmail

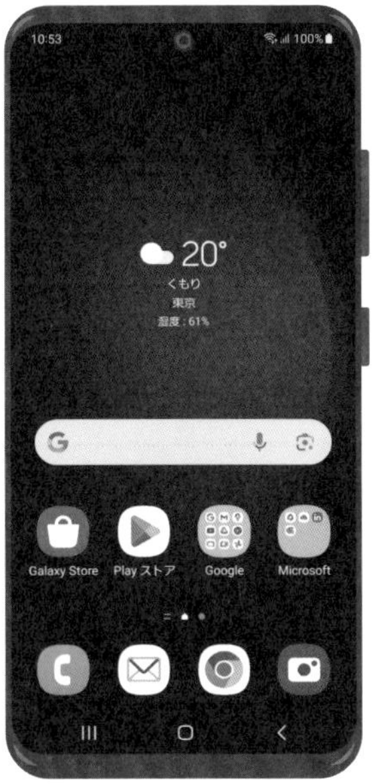

Googleが提供するメールサービスです。Googleアカウントを設定すればすぐに利用できます（Sec.16参照）。また、Gmailが利用できる「Gmail」アプリには、ほかのメールサービスのメールアカウントを登録することも可能です（Sec.31参照）。

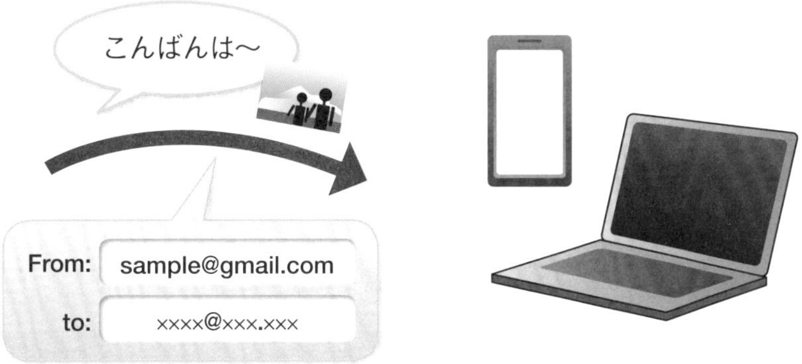

コラム 「メール」アプリの種類

Androidスマートフォンには、機種によって「Gmail」とは別に、携帯電話会社のメールアプリやその機種独自の「メール」アプリがインストールされていることがあります。携帯電話会社提供のメールサービスについてはSec.27を参照してください。

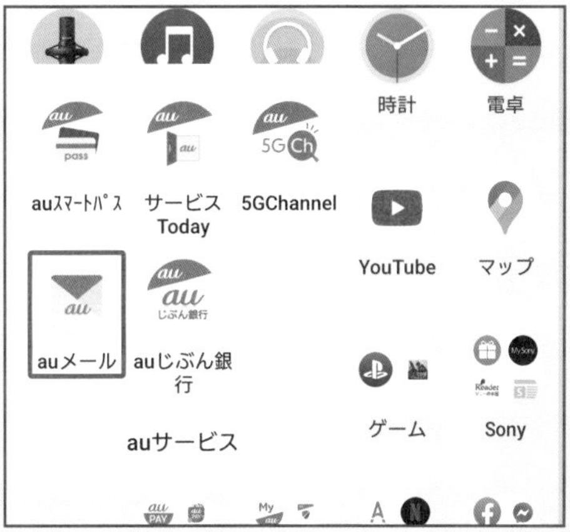

終わり

Section 27

携帯電話会社のメールを利用するには

キーワード メール・携帯電話会社のメール・格安SIM

◎携帯電話会社提供のメールサービス

携帯電話会社のメールサービスを利用するには各携帯電話会社の回線契約が必要になりますが、必要なプランやサーバー情報などは各携帯電話会社によって異なるので、事前に確認しておくようにしましょう。格安SIMでスマートフォンを使う場合は、ドコモやau、ソフトバンク、楽天モバイルが提供する「メール持ち運びサービス」に申し込めば、有料ではありますが、継続して各携帯電話会社専用のメールサービスの利用ができます。

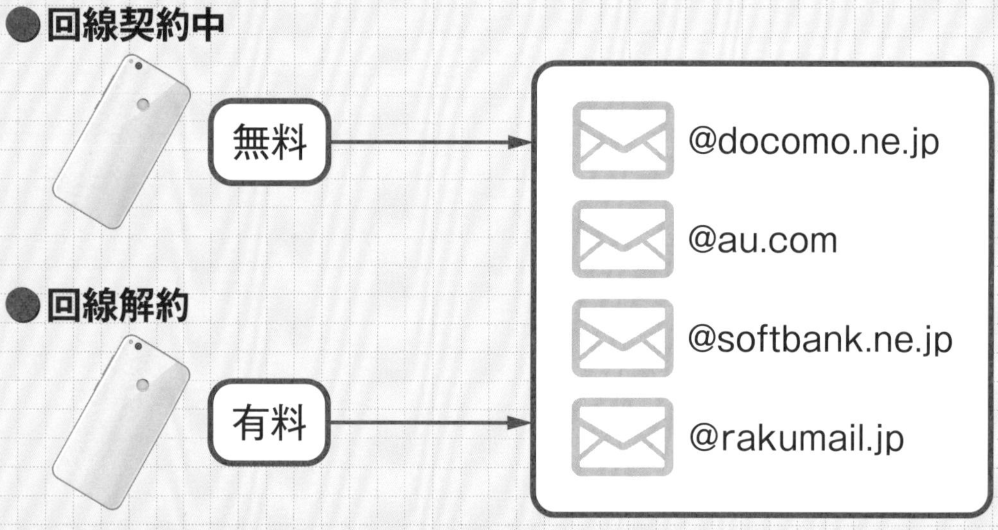

各携帯電話会社の回線契約があれば、携帯電話会社が提供するメールサービスを無料で使用することができます。

●ドコモ

ドコモの回線契約とdアカウントが必要です。

【メールアドレス】
○○○@docomo.ne.jp
【専用アプリ】
「ドコモメール」アプリ

●au

auの回線契約とau IDが必要です。

【メールアドレス】
○○○@au.com
○○○@ezweb.ne.jp
【専用アプリ】
「auメール」アプリ

●ソフトバンク

ソフトバンクの回線契約とMy SoftBankへの登録が必要です。

【メールアドレス】
○○○@softbank.ne.jp
【専用アプリ】
「SoftBankメール」アプリ

●楽天モバイル

楽天モバイルの回線契約と楽天IDが必要です。

【メールアドレス】
○○○@rakumail.jp
【専用アプリ】
「Rメール」アプリ

●UQ mobile

月額料金220円の有料オプションです。

【メールアドレス】
○○○@uqmobile.jp
【専用アプリ】
「CosmoSia」アプリ

ポイント

携帯電話会社から格安SIMに乗り換えた場合、携帯電話会社が提供するメールサービスを引き続き利用するには、4キャリア共通して月額330円の利用料金がかかります。また、Y!mobileやUQ mobile、IIJmio、mineoなど、乗り換える格安SIMによっては、独自のメールアドレスを使用することができます。

終わり

Section 28

メッセージの送受信

電話番号でメッセージをやり取りする

キーワード SMS・メッセージ・アプリ

◎SMSとは

SMSは、電話番号どうしでメッセージのやり取りが行えるメッセージサービスです。キャリアや機種によって専用のSMSアプリがインストールされている場合もあります。なお、1通あたりの文字数や送信料金は、利用する携帯電話会社やSIMの契約によって異なるので、事前に各サービスのWebページで確認しておきましょう。

[＋メッセージ] アプリをタップします。

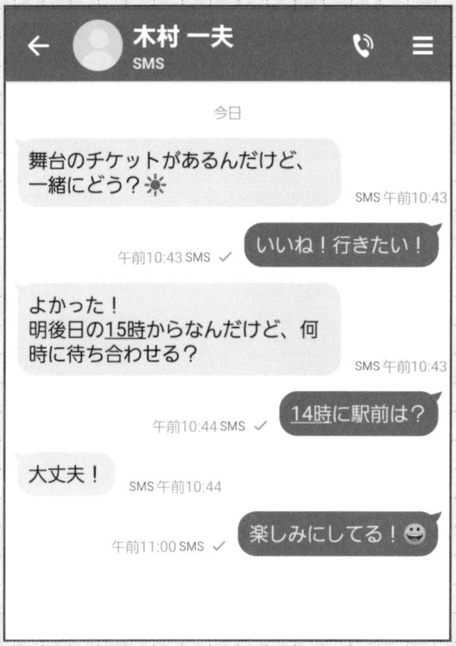

SMSをやり取りできます。

SMSのやり取りに利用するアプリ

SMSのやり取りに利用するアプリは、「メッセージ」や「SMS」という名前の付いたアプリです。一部機能や見た目が異なる部分がありますが、SMSの送受信に関する基本的な機能は変わりません。本書では、「＋メッセージ」アプリを利用したSMSの送受信を紹介していますが、ない場合は、「Playストア」からほかのメッセージアプリをインストールすることができます（Sec.41参照）。

●「SMS」アプリ

木村 一夫
06:21 午後
木
空いてるよ！
土曜日、ランチに行かない？
木
いいね！行きたい！

●「＋メッセージ」アプリ

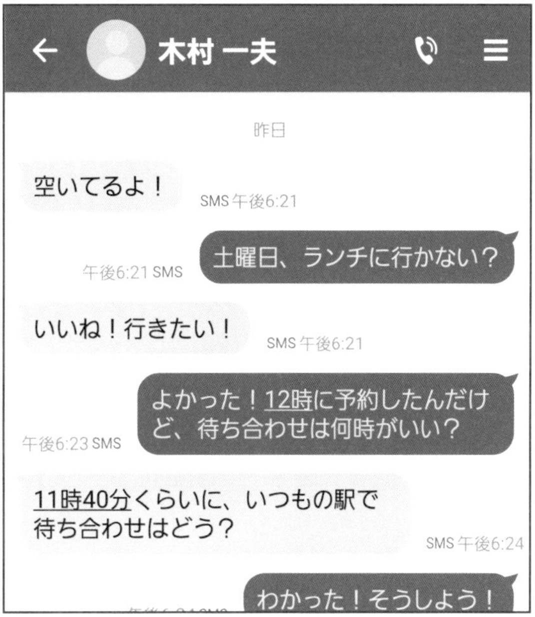
木村 一夫
昨日
空いてるよ！
SMS 午後6:21
土曜日、ランチに行かない？
午後6:21 SMS
いいね！行きたい！
SMS 午後6:21
よかった！12時に予約したんだけど、待ち合わせは何時がいい？
午後6:23 SMS
11時40分くらいに、いつもの駅で待ち合わせはどう？
SMS 午後6:24
わかった！そうしよう！

コラム　「＋メッセージ」アプリ

ドコモ、au、ソフトバンクのスマートフォンの場合は、SMSのやり取りに「＋メッセージ」アプリを利用します。＋メッセージでは、これまでのSMSの機能に加えて、「＋メッセージ」アプリ利用者どうしではグループチャットやスタンプの送信、既読設定などが使用できるようになっています。

次へ

◎ SMSを送信する

1 ホーム画面、もしくはアプリ一覧画面で[+メッセージ]を**タップ**します。

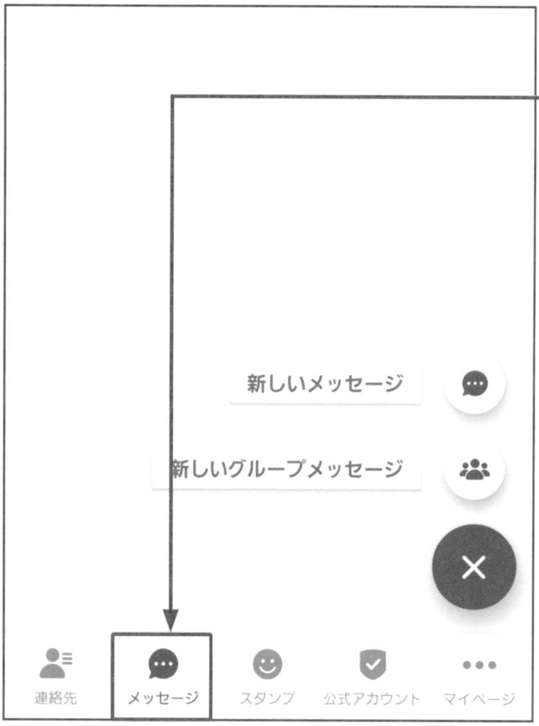

2 [メッセージ]→[+]→[新しいメッセージ]の順に**タップ**します。

ポイント

初期状態では、[次へ]を2回タップし、画面の指示に従ってSMSの利用を開始します。

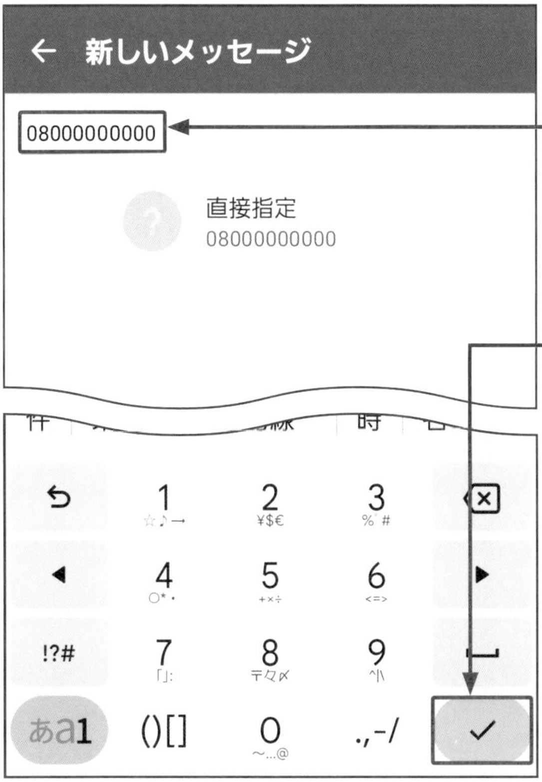

3 SMSを送りたい相手の電話番号を入力します。

4 ✓ をタップします。

ポイント

「連絡先」アプリに登録されている相手の場合、電話番号を入力すると、名前の候補が表示されるので、タップして選択します。

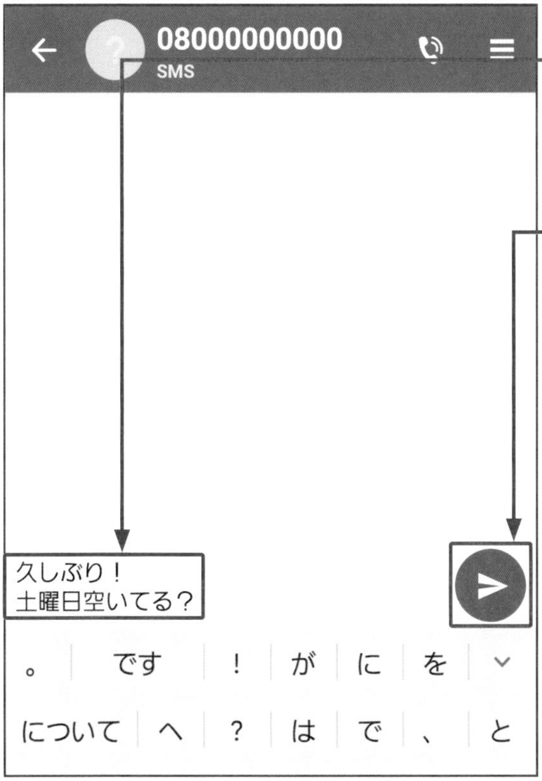

5 本文を入力します。

6 ➤ をタップして、SMSを送信します。

次へ

◎ 受信したSMSに返信する

1 125ページの方法で通知パネルを表示すると、受信したSMSの通知が表示されます。

ポイント

SMSの通知をタップすると、143ページ手順**4**の画面が表示されます。

2 ホーム画面、もしくはアプリ一覧画面で をタップ します。

第5章 メールを利用する

3 未読のスレッドをタップします。

ポイント

SMSのやり取りは、「スレッド」と呼ばれる相手の電話番号ごとにまとめられた形式で表示されます。

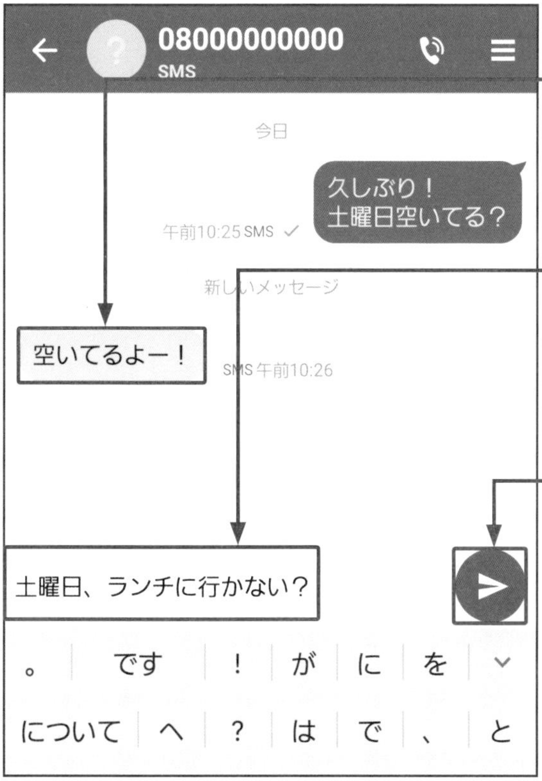

4 受信したSMSを確認します。

5 返信内容を入力します。

6 ▶をタップして、SMSを送信します。

終わり

Section 29

Gmailを利用する

キーワード メール・Gmail・Googleアカウント

◎Gmailとは

Gmailとは、Googleが提供するメールサービスです。Gmailでは、ラベルやカテゴリごとにメールを振り分けることができるので、効率的にメールを管理することができます。なお、Gmailを利用するには、事前にGoogleアカウントを設定する必要があります（Sec.16参照）。

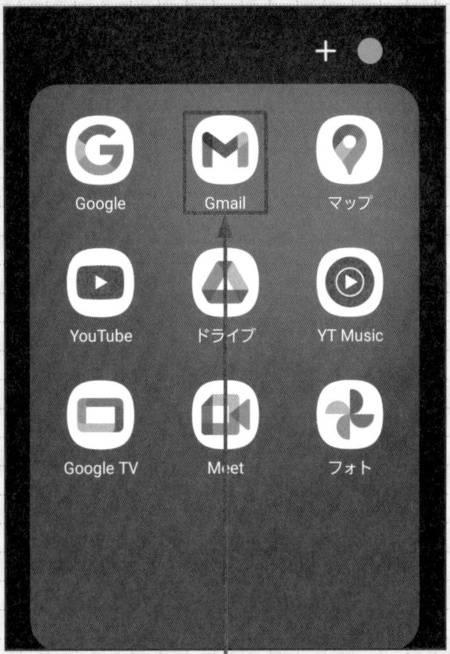

「Google」フォルダ内の［Gmail］アプリをタップします。

Gmailを利用できます。

◎ Gmail画面の見方

❶メニューを表示します。

❷メール内を検索できます。

❸受信したメールです。タップすると、メールが開きます（下部画面参照）。

❹メールに目印（スター）を付けます。

❺メールの新規作成画面を表示します。

❶受信トレイに戻ります。

❷メールを圧縮して保存（アーカイブ）します。

❸メールが削除され、ゴミ箱に移動します。

❹メールを未読にできます。

❺メールに目印（スター）を付けます。

❻メールに返信をします。

次へ

受信したメールを閲覧する

1 ホーム画面、もしくはアプリ一覧画面で をタップします。

ポイント

「Google」フォルダがない場合は、ホーム画面やアプリ一覧画面から起動します。

2 をタップします。

3 受信トレイが表示されるので、確認したいメールをタップします。

ポイント

未読のメールでは、送信者と件名の表示が太字になります。

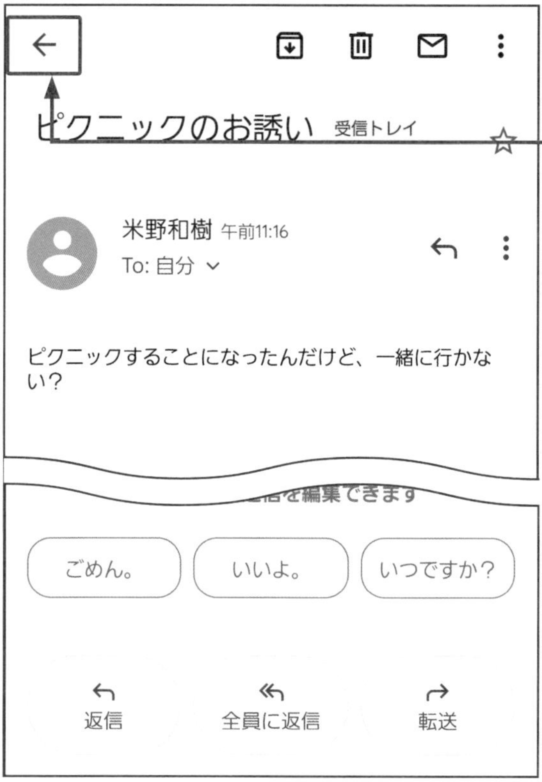

4 メールを確認します。[←]をタップします。

5 受信トレイに戻ります。

次へ

◎ メールを作成する

1 146ページの方法で「Gmail」アプリを起動し、作成をタップします。

2 送信したい相手のメールアドレスを入力します。

ポイント

連絡先に登録されている相手の場合、メールアドレスを入力すると名前の候補が表示されるので、タップして選択します。

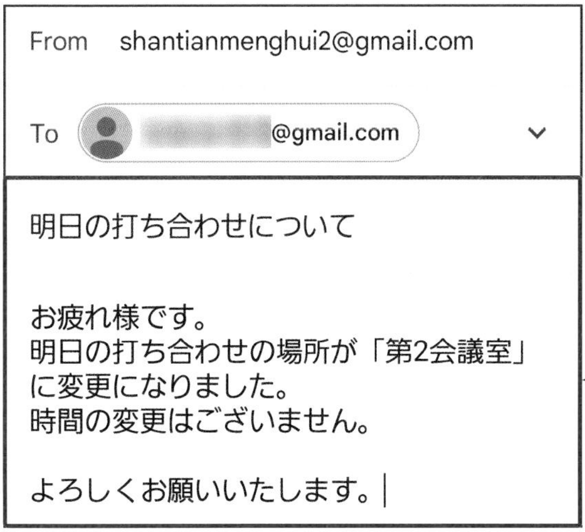
From shantianmenghui2@gmail.com
To @gmail.com
明日の打ち合わせについて
お疲れ様です。
明日の打ち合わせの場所が「第2会議室」
に変更になりました。
時間の変更はございません。
よろしくお願いいたします。

3 件名と本文を入力します。

作成
From shantianmenghui2@gmail.com
To @gmail.com
明日の打ち合わせについて
お疲れ様です。
明日の打ち合わせの場所が「第2会議室」

4 ▷をタップしてメールを送信します。

コラム 携帯電話に送るときの注意点

携帯電話会社のメールサービス（Sec.27参照）には、迷惑メールをブロックするフィルター機能があります。この機能が有効だと、パソコンからのメールやURL付きのメールをブロックすることができますが、「Gmail」アプリからのメールもパソコンからのメールと判断され、ブロックされる可能性があります。そのため、携帯電話会社のメールアドレスに「Gmail」アプリからメールを送る場合は、相手にフィルター機能の設定を確認してもらうとよいでしょう。

終わり

メールで写真をやり取りする

キーワード メール・写真・添付

◎写真をやり取りするには

メールで写真をやり取りするには、「Gmail」アプリや「メール」アプリを利用します。ここでは、「Gmail」アプリでの送信方法を紹介しています。なお、139ページで触れた「+メッセージ」アプリや、携帯電話会社のメールアプリでも写真をやり取りすることができます。

作成
From shantianmenghui2@gmail.com
To 木村 一夫
今日のランチ
中華料理の美味しいお店みつけたよ！
今度一緒に行こう。
IMG_7296.jpeg
2.5MB

「Gmail」アプリでは、写真を添付できます。151ページ以降を参照してください。

よかった！12時に予約したんだけど、待ち合わせは何時がいい？
午後6:23 SMS
11時40分くらいに、いつもの駅で待ち合わせはどう？
SMS 午後6:24
わかった！そうしよう！
午後6:24 SMS
Aa

「+メッセージ」アプリでは、最大10個の写真を添付して送信することができます。

◎ メールで写真を送信する

1 148ページの方法でGmail作成画面を開き、宛先を入力し、をタップします。

2 ファイルを添付 をタップします。

次へ

3 添付したい写真をタップします。

ポイント

をタップすると、「次から開く:」画面が表示されます。たとえば、画像をタップすると、スマートフォン内の画像が表示されます。

4 件名と本文を入力します。

5 ▷をタップしてメールを送信します。

コラム 写真付きのメールを受け取ったら

写真付きのメール下部の⬇をタップすると、スマートフォンに写真を保存することができます。保存した写真は本体の「Download」フォルダに保存され、「フォト」アプリなど（186～188ページ参照）で閲覧することができます。

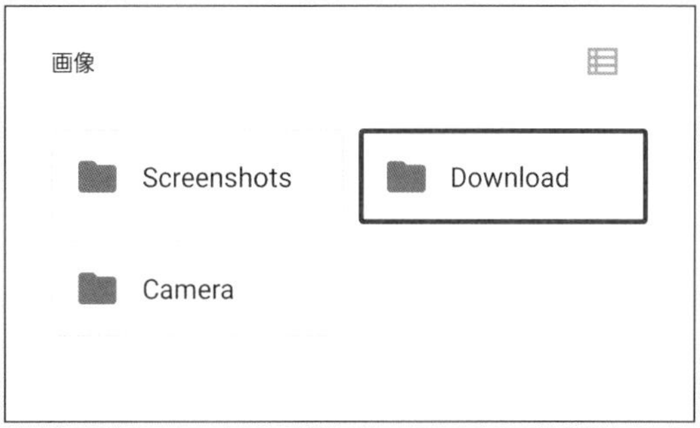

終わり

Section 31

プロバイダーや会社のメールを利用する

キーワード メール・プロバイダー・サーバー設定

◎利用できるメールアプリ

プロバイダーや会社のメールを利用したい場合は、「Gmail」アプリ、または「メール」アプリを利用します。ここでは「Gmail」アプリでの手順を紹介します。メールの設定には、受信サーバーや送信サーバーの設定が必要になるので、サーバー名やセキュリティの種類などを事前に把握しておくようにしましょう。設定したアカウントは、「設定」アプリの「アカウントを管理」から管理ができます。

●「Gmail」アプリの設定画面

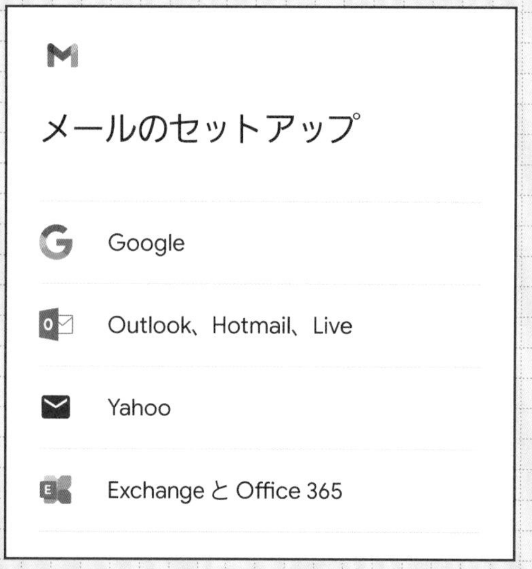

●「設定」アプリの「アカウントを管理」

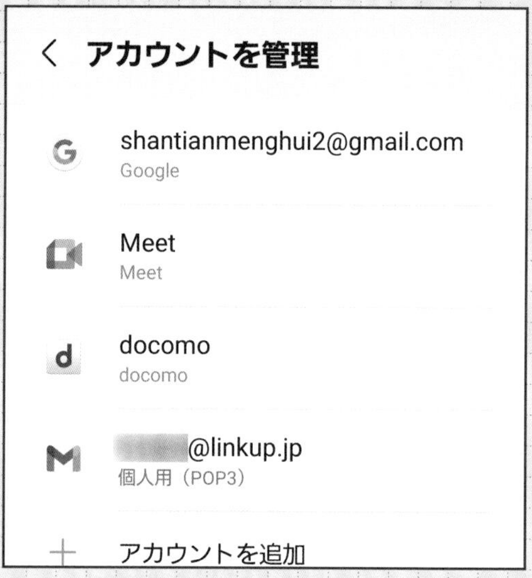

利用しているメールサービスプロバイダー、または［その他］をタップして、アカウントの設定を行います。

◎ 設定に必要な情報

スマートフォンで会社などのメールを利用したい場合は、メールアカウントの設定が必要です。設定には、メールアドレスやパスワードのほか、受信サーバーや送信サーバーなどのサーバー情報も必要になります。これらの情報を事前に確認しておきましょう。

● メールアドレス

利用しているメールアドレスです。

● パスワード

メールアドレスに設定したパスワードです。

● ユーザー名

通常、メールアドレスの@より前の部分になります。

● 送受信の方式

メールサービスの方式には、「POP方式」と「IMAP方式」があります。

● 受信サーバー情報

サーバー名（「pop.（ドメイン名）」）、ポート番号を入力します。

● 送信サーバー情報

サーバー名（「smtp.（ドメイン名）」）、ポート番号を入力します。

◎ メールを設定する

1 146ページの方法で「Gmail」アプリを起動し、≡をタップします。

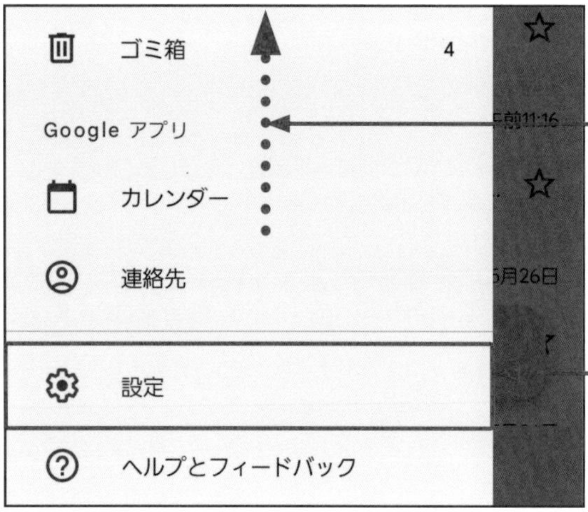

2 画面を上方向にスワイプします。

3 設定 をタップします。

4 アカウントを追加する をタップします。

5 その他 をタップします。

ポイント

「メールのセットアップ」画面に表示されているメールサービスを設定するときは、メールサービス名をタップします。

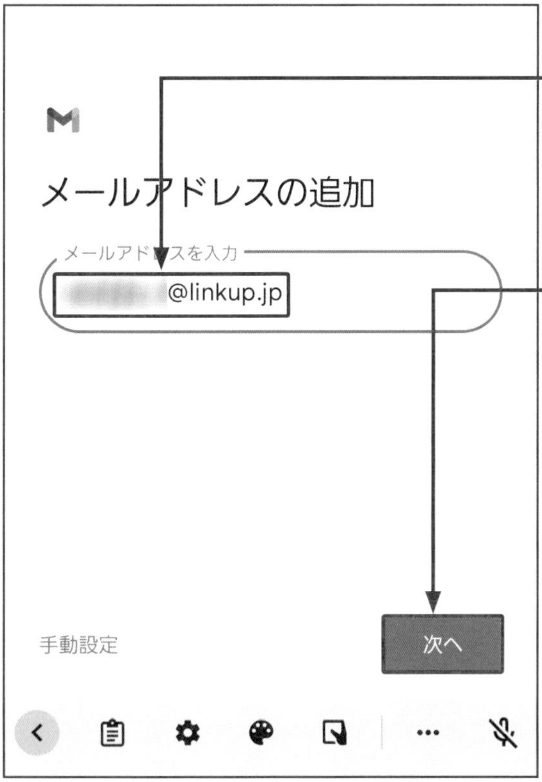

6 メールアドレスを入力します。

7 次へ をタップします。

8 ここでは、個人用（POP3）をタップします。

ポイント

POPはメールをスマートフォンにダウンロードする方式、IMAPはサーバーで管理する方式です。

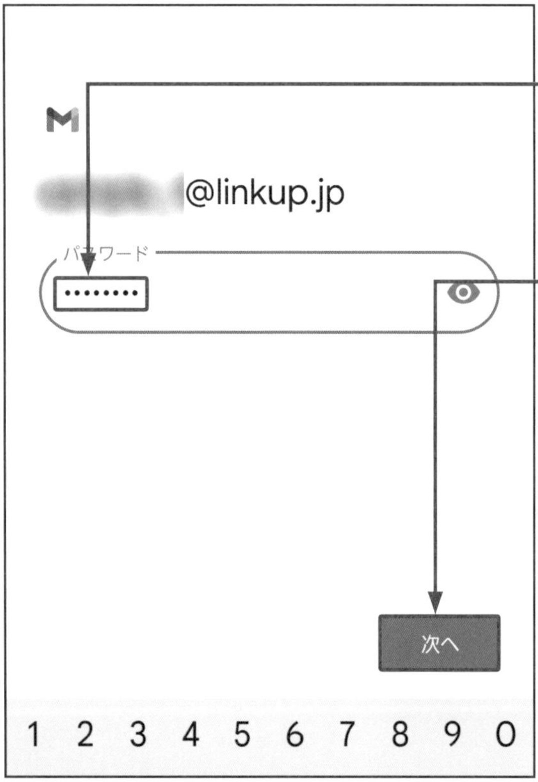

9 パスワードを入力します。

10 次へをタップします。

11 受信サーバーの情報を入力します。

12 次へ をタップします。

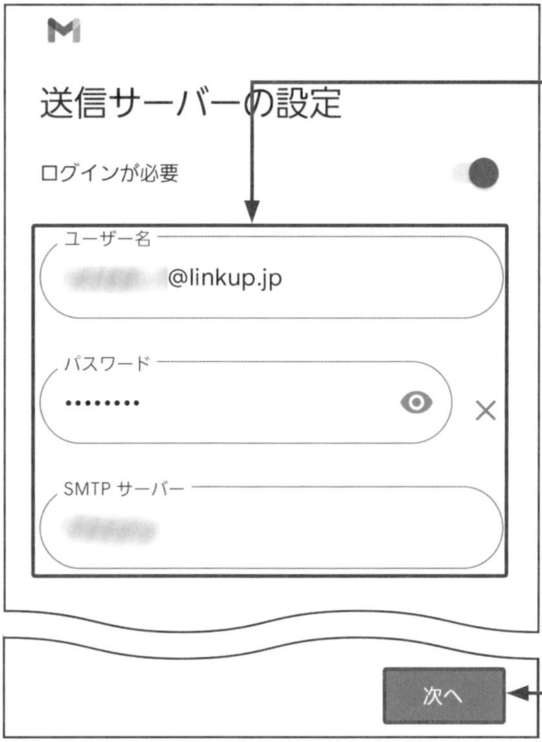

13 送信サーバーの情報を入力します。

14 次へ をタップします。

次へ

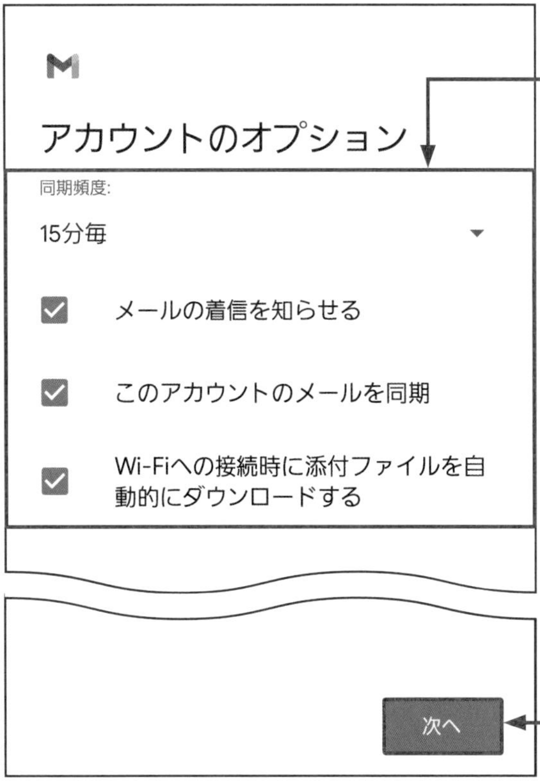

15 アカウントのオプションを設定します。

16 次へ をタップします。

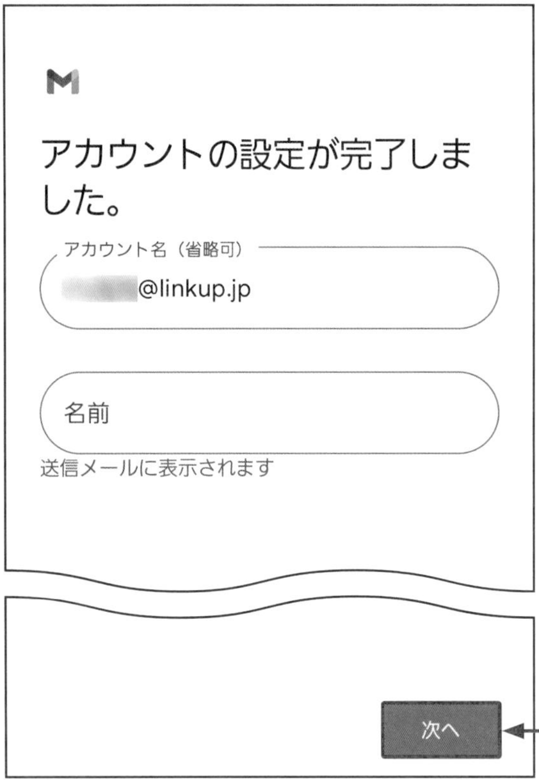

17 アカウントの設定が完了し、次へ をタップすると、「Gmail」アプリから利用できるようになります。

終わり

インターネットを利用する

6

この章でできること

- インターネットを利用する
- Webページを閲覧する
- Webページをブックマークに追加する
- Googleマップを利用して地図を見る
- 目的地までの経路を検索する

Section 32

インターネットで探しものをする

キーワード インターネット・Chrome・Webページ

◎検索するには

インターネットで検索するためには、最初から搭載されている「Chrome」アプリを利用します。調べたいキーワードを入力して、インターネットを活用しましょう。

[Chrome] アプリをタップします。

アドレスバーをタップして、キーワードを入力します。

◎ ブラウザでWebページを検索する

1 ホーム画面で をタップします。

2 アドレスバーをタップします。

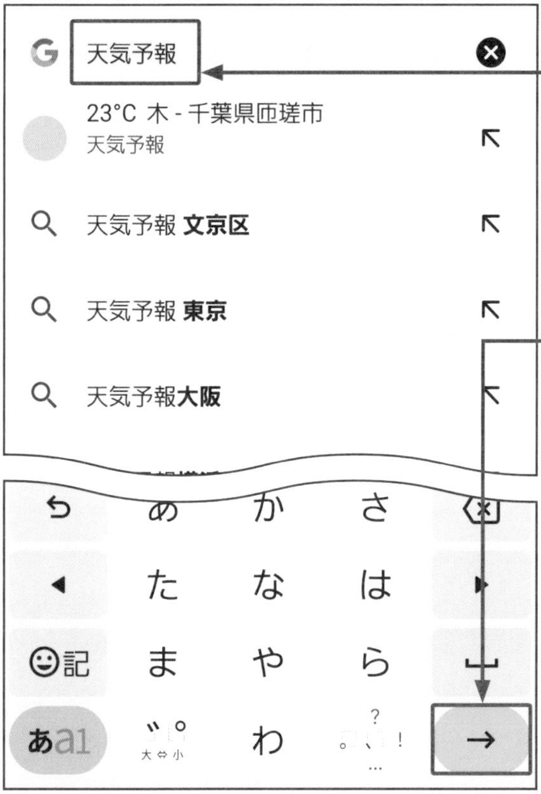

3 検索したいキーワードまたはURLを入力します。

4 → をタップします。

ポイント

機種によっては虫眼鏡のアイコンや[移動]などをタップします。

次へ

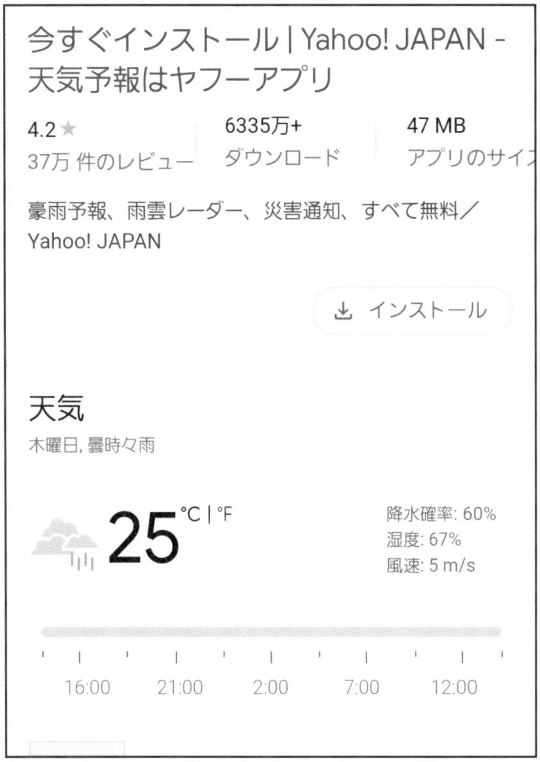

5 検索結果が表示されます。

コラム 検索候補について

アドレスバーにキーワードを入力すると、関連する検索語句や閲覧履歴からの一致項目、アクセス数の多いWebサイトなどが検索候補として表示されます。標準では、この設定が有効になっていますが、検索データを送信されたくない場合は、⋮→設定の順にタップし、Google のサービスをタップして、「検索候補の関連性を高める」をオフにしておきましょう。

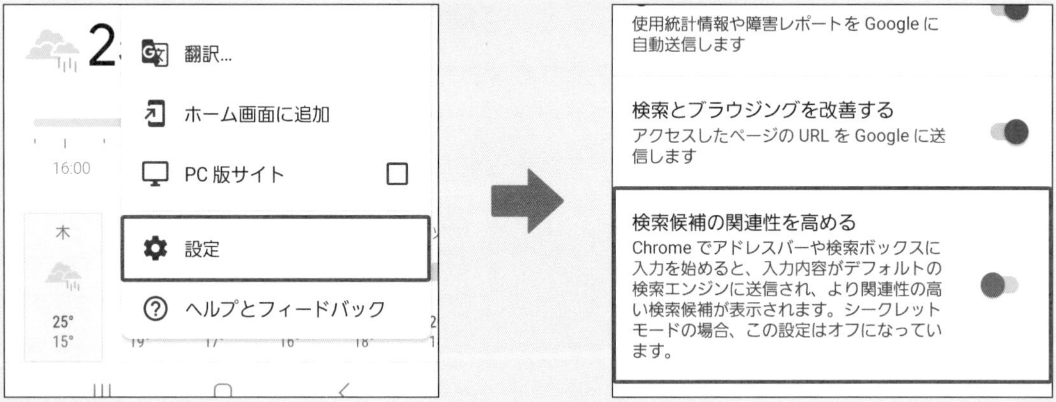

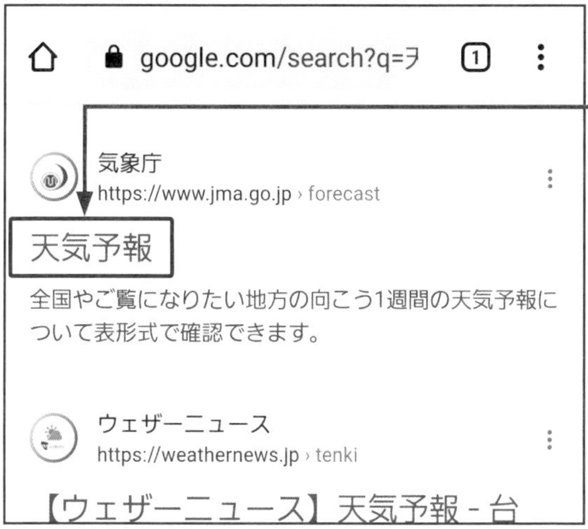

6 内容を表示したい検索結果のリンクをタップします。

7 ページが表示されます。画面の左端から右方向にスワイプすると、手順 **6** の画面に戻ります。

終わり

Section 33

Webページを閲覧する

キーワード Webページ・ピンチ・ダブルタップ

Webページを見やすくする

「Chrome」アプリでは、Webページを閲覧中に、画面の拡大や縮小、向きなどを変えることができます。操作方法を覚えて、Webページを見やすくしてみましょう。

ダブルタップ

ダブルタップ すると、文章や画像の幅に合わせて拡大や縮小ができます。

ピンチアウト

ピンチイン

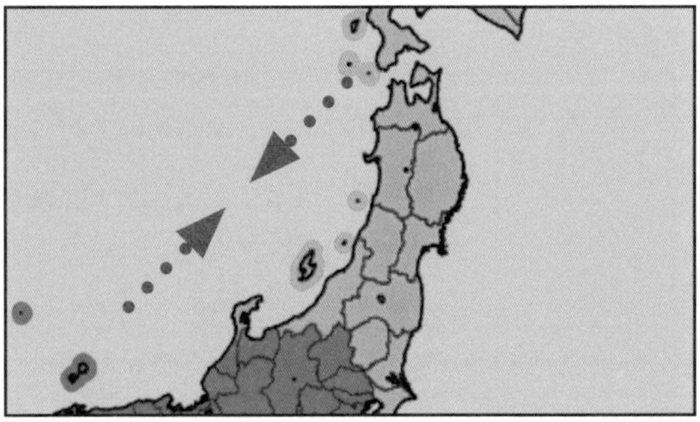

画面の拡大や縮小ができます。

スマートフォンの向き

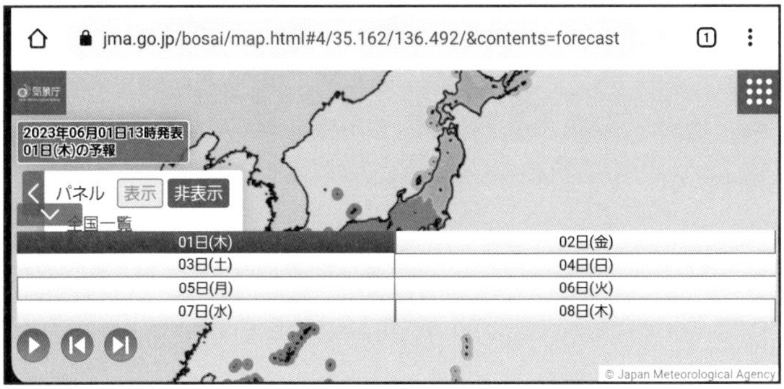

スマートフォンを横にすると、画面の向きが変わります（自動回転機能が有効の場合）。

リロード

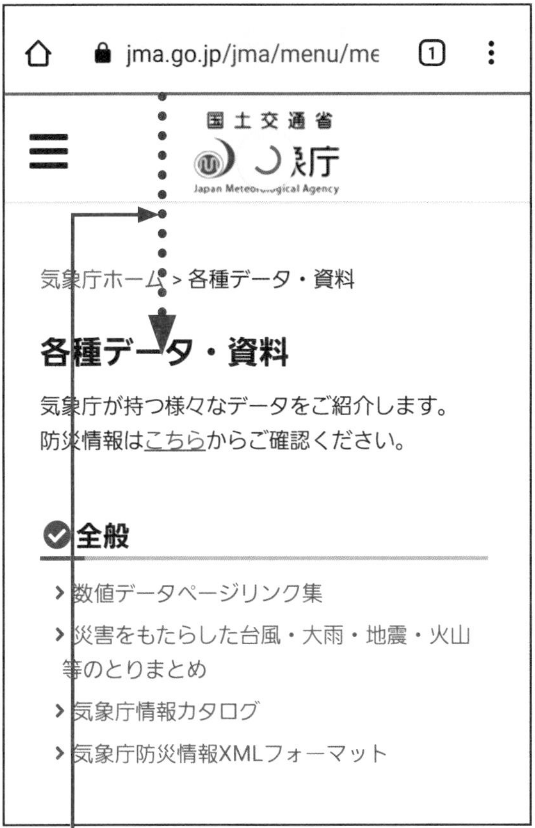

ページの最上部で画面を下方向にスワイプすると、最新情報に更新されます。

戻る

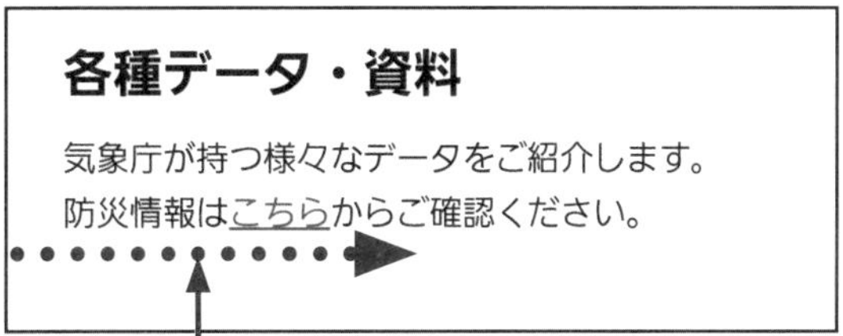

画面の左端から右方向にスワイプすると、1つ前の画面に戻ります。

進む

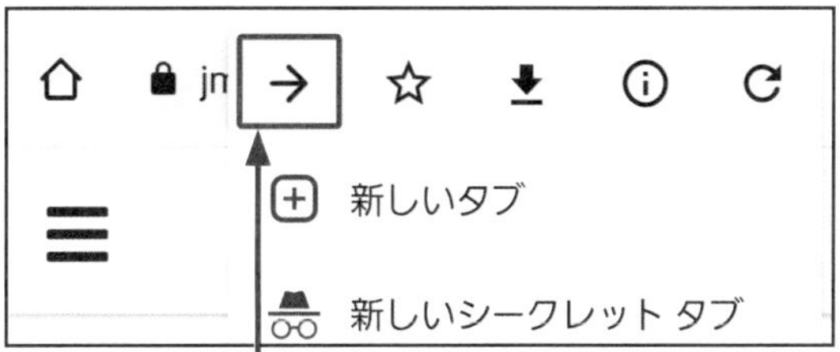

︙ → → の順にタップすると、ページが進みます。

終わり

Section 34

Webページをすぐに表示できるようにする

キーワード インターネット・ブックマーク・Webページ

◎ブックマークを利用する

お気に入りのWebページや、あとからゆっくり読みたいWebページなどを、「Chrome」アプリのブックマークに追加しておくと、好きなときにすぐに目的のWebページを表示させることができます。よく閲覧するWebページは、ブックマークに追加しておくと便利です。

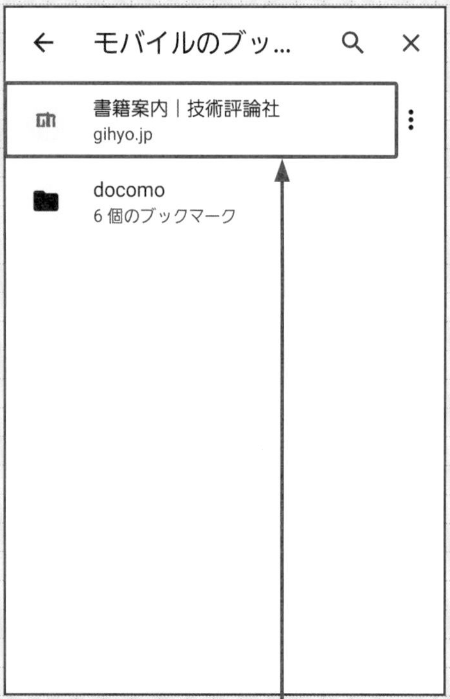

ブックマークから表示したいWebページをタップします。

選択したWebページが表示されます。

◎ ブックマークに追加する

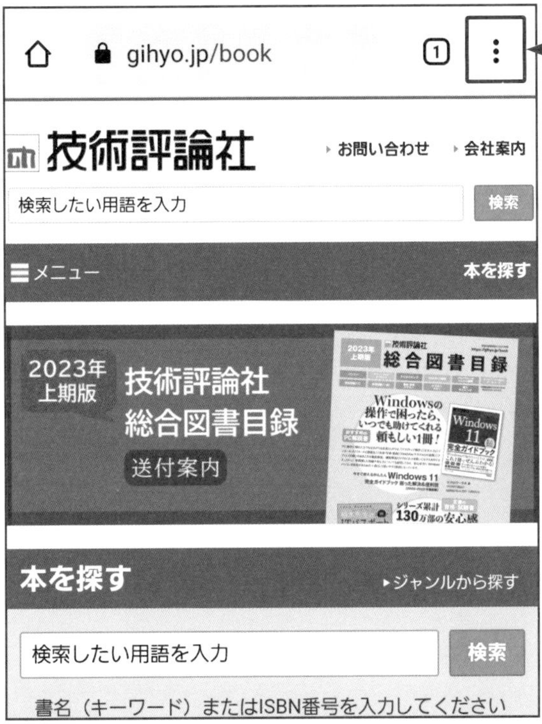

1 ブックマークに追加したいWebページを表示し、⋮をタップします。

2 ☆をタップします。

次へ

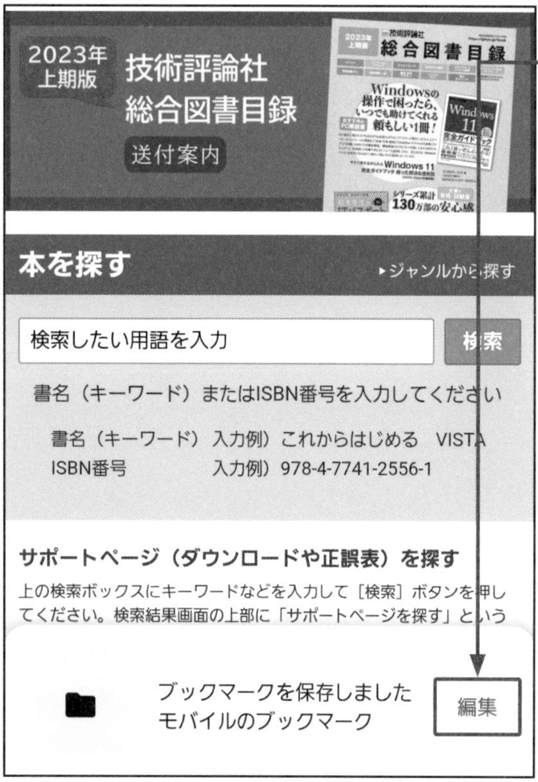

3 編集 をタップします。

ポイント

「編集」の表示は数秒後に消えますが、ブックマークには登録されています（171ページ参照）。

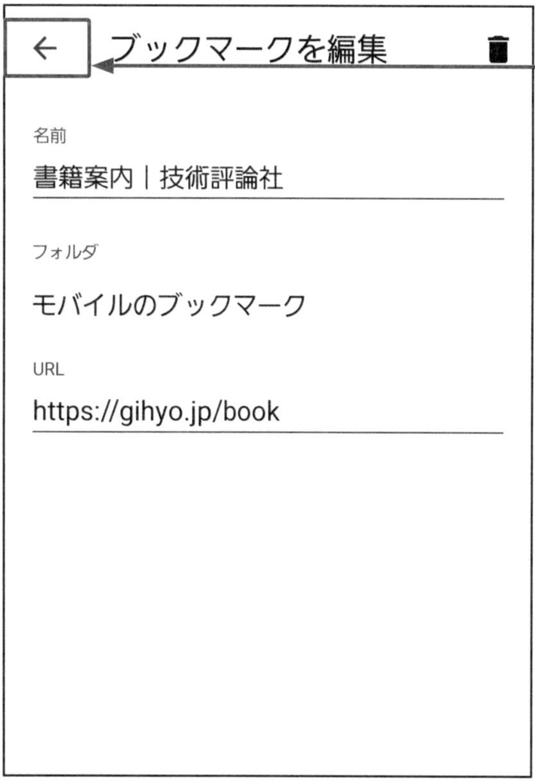

4 ブックマーク情報を確認し、← をタップします。

ポイント

「名前」を編集してわかりやすい名前に変えることができます。

◎ ブックマークからWebページを表示する

1 Webページ閲覧中に、⋮をタップします。

2 ★ ブックマーク をタップします。

3 表示したいブックマークをタップすると、Webページが表示されます。

終わり

Section 35

インターネットの地図や経路検索を利用する

キーワード インターネット・地図・Googleマップ

◎目的地の検索と地図

Googleマップを利用すれば、現在地を知ることができるほか、目的地までの道順を表示したり、電車の乗り換えの詳細を調べたりすることができます。また、ナビ機能も搭載されています。なお、Googleマップの利用には、位置情報をオンにしておく必要があります。

「マップ」アプリを起動し、入力欄に目的地を入力して検索します。

目的地までの経路を調べることもできます。

目的地を検索する

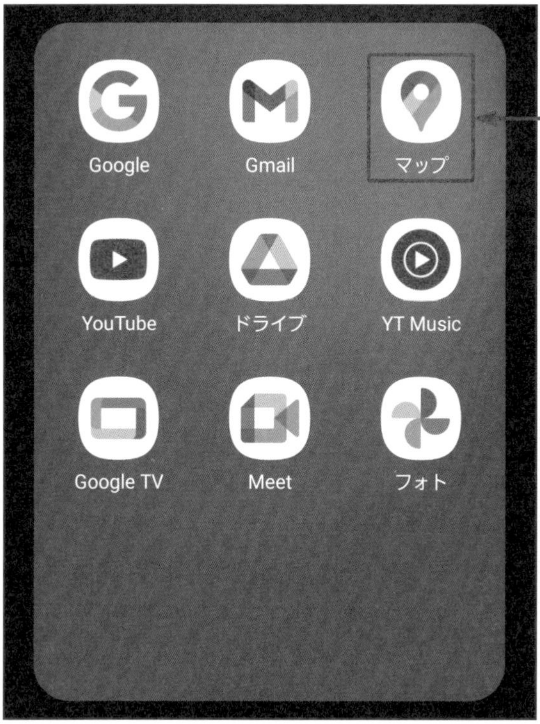

1 ホーム画面で をタップし、 をタップします。

ポイント

「Google」フォルダがない場合は、ホーム画面やアプリ一覧画面から起動します。

2 現在地が表示されます。

ポイント

初回起動時は、位置情報の設定画面が表示されることがあります(52ページ参照)。位置情報を有効にすると、現在地が表示されます。

次へ

3 ここで検索 をタップします。

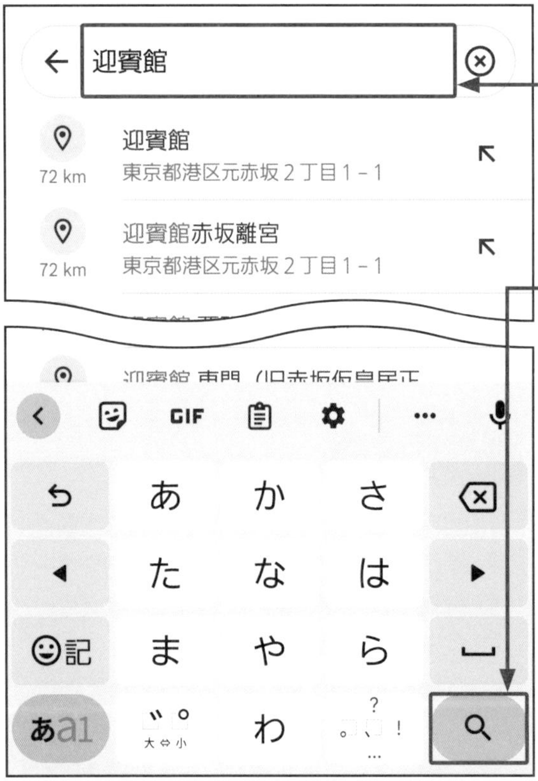

4 場所の名前や住所を入力します。

5 をタップします。

ポイント

検索欄の下に候補が表示されます。目的の場所が表示されていたら、候補をタップします。

6 入力した場所が表示されます。をタップします。

7 場所の詳細な情報が表示されます。

ポイント

詳細な情報が表示されるのは、有名な場所やお店などです。

次へ

目的地までの経路を表示する

1 175ページ手順**6**の画面で、[経路]をタップします。

2 移動手段をタップします。

ポイント

が車、が公共交通機関、が徒歩、がタクシー、が自転車です。

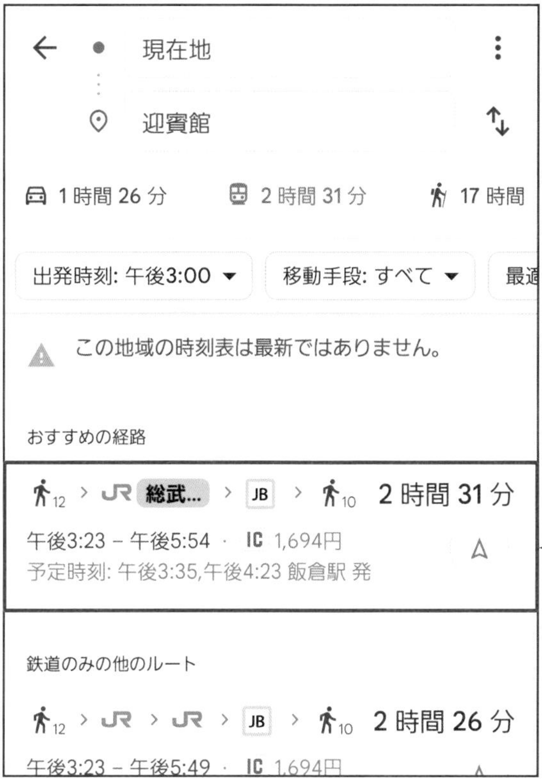

3 経路の候補が表示されるので、確認したい候補をタップします。

4 地図上に経路が、画面下部に経路の詳細が表示されます。

次へ

5 地図部分をピンチアウトすると、地図が拡大されて、詳しい経路を確認できます。

コラム ナビの表示

移動手段で、以外を選択すると、画面左下にが表示されます。タップするとナビが開始され、目的地までの道順を音声付きで案内してくれます。

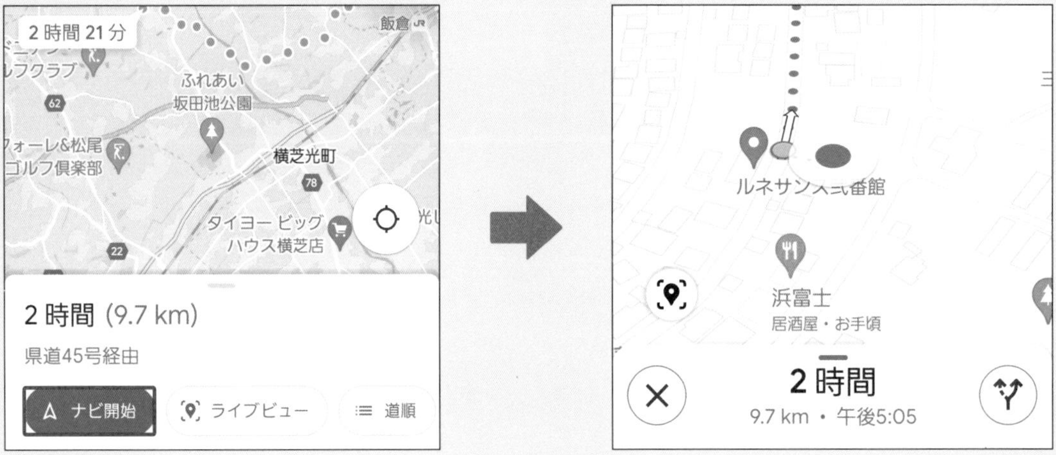

終わり

写真や動画を楽しむ

7

この章でできること

- 写真を撮影する
- 写真を閲覧する
- 動画を撮影する
- 写真を壁紙に設定する
- 写真をメールで送る

Section 36

写真を撮影する

キーワード 写真・カメラ・撮影

◎スマートフォンのカメラ機能

スマートフォンの「カメラ」アプリを使うと、さまざまなシーンに対応した写真や動画が撮影できます。

❶「設定」を表示し、カメラの設定を変更できます。

❷フラッシュの設定を変更できます。

❸タイマーを設定できます。

❹写真の縦横比率を設定できます。

❺モーションフォトのオン／オフを切り替えます。

❻エフェクトを切り替えます。

❼カメラズームを切り替えます。

❽撮影モードを変更できます。

❾写真を撮影します。

❿インカメラとアウトカメラを切り替えます。

※Galaxy S23 SC-51Dの画面です。機種によって異なります。

◎ 写真を撮る

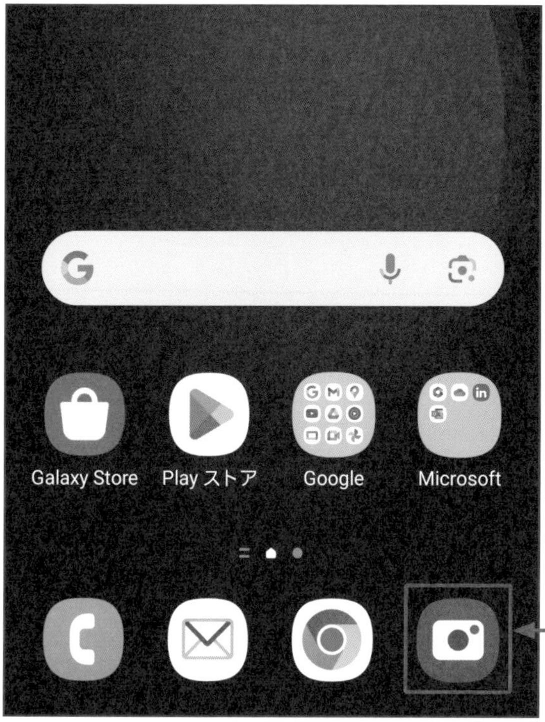

1 ホーム画面で をタップ します。

2 ピントを合わせたい場所をタップ します。

ポイント

自分の顔が写っていたら、アウトカメラに切り替えましょう（184ページ参照）。

次へ

3 をタップして撮影します。

ポイント

をロングタッチすると、動画撮影ができます。機種によっては連写ができます。

4 撮影直後に画面左下のサムネイルをタップします。

5 直前に撮影した写真が表示されます。

ポイント

戻るボタンをタップすると、182ページ手順**4**の画面に戻ります。

コラム　スマートフォンで撮影をする

ここでは、Galaxy S23 SC-51Dでの写真撮影を紹介していますが、機種が変わっても、カメラ機能のアプリを起動してシャッターボタンをタップするという基本操作は変わりません。

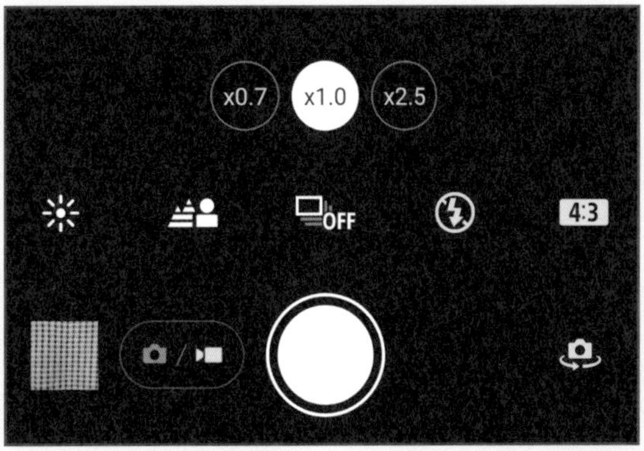

◎ インカメラとアウトカメラを切り替える

1 181ページの方法で「カメラ」アプリを起動し、をタップします。

2 インカメラに切り替わります。再度をタップします。

ポイント

インカメラに切り替えるとセルフィーに最適な設定になるので、自分撮りに利用すると便利です。

3 アウトカメラに戻ります。

コラム 撮影モードを追加する

Galaxy S23 SC-51Dの「カメラ」アプリには、食べ物など料理を撮影するのに適した「食事」モード、暗闇で夜景などを撮影するのに適した「ナイト」モード、スローモーション動画を撮影できる「スローモーション」モードなどといった機能があります。[その他]をタップすることで利用でき、それぞれのアイコンをロングタッチしてドラッグすることで画面内に撮影モードを追加することができます。

終わり

Section 37

撮影した写真を閲覧する

キーワード 写真・閲覧・アプリ

◎写真を閲覧できるアプリ

Androidスマートフォンには、機種によって以下のような撮影した写真を閲覧するさまざまなアプリがあります。本書では、Googleフォト（「フォト」アプリ）を利用した写真の閲覧について解説します。

●Googleフォト

●Myアルバム

●Scene

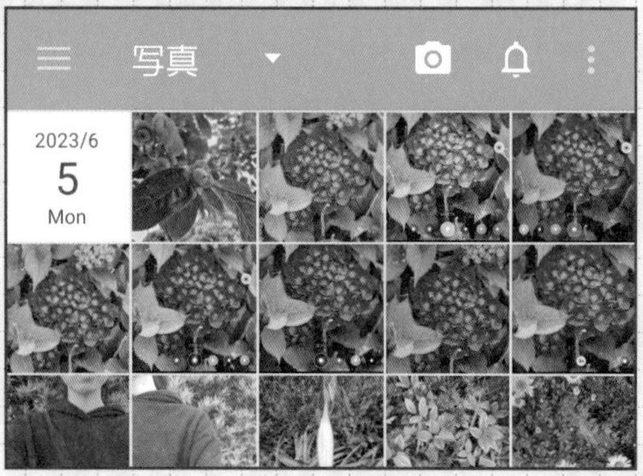

●ギャラリー

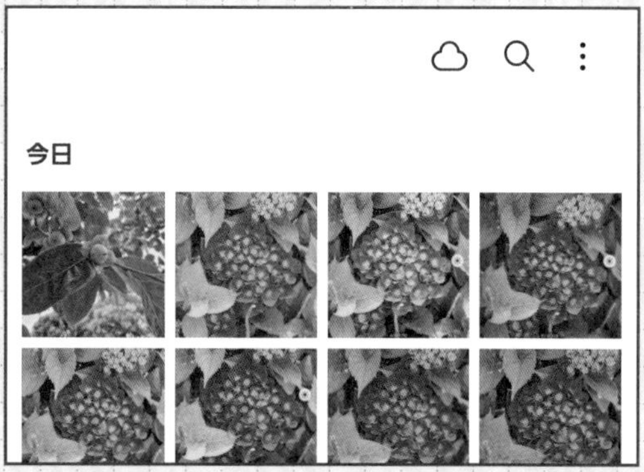

◎ 撮った写真を閲覧する

1 ホーム画面でをタップします。

ポイント

ホーム画面にがない場合は、「Google」フォルダやアプリ一覧画面から起動します。

2 フォトをタップします。

次へ

3 本体内の写真が一覧で表示されます。閲覧したい写真を**タップ**します。

ポイント

「バックアップと同期」をオンにしておくと、Googleのサーバーに写真が保管されます。その場合、本体内の写真に加え、Googleのサーバーに保管した写真も表示されます。

4 写真が表示されます。

ポイント

画面を左右にスワイプするとサムネイルの前後の写真が表示され、←をタップすると写真の一覧画面に戻ります。

◎ 写真を見やすく表示する

● 拡大

2本の指を画面に触れたまま開くと、拡大できます（**ピンチアウト**）。

● 縮小

2本の指を画面に触れたまま閉じると、縮小できます（**ピンチイン**）。

● 画面の向き

スマートフォンを横にすると、画面の向きが変わり（自動回転機能が有効の場合）、横位置で撮った写真は全画面で表示できます。

終わり

Section 38

動画を撮影する

キーワード 動画・撮影・閲覧

◎動画撮影の注意点

動画を撮影するときは、本体ストレージの空き容量に注意しましょう。また、長時間の撮影は端末に負荷がかかるうえ、バッテリーの消費も早まります。なお、撮影できる時間は、本体の空き容量とバッテリー残量によって異なります。

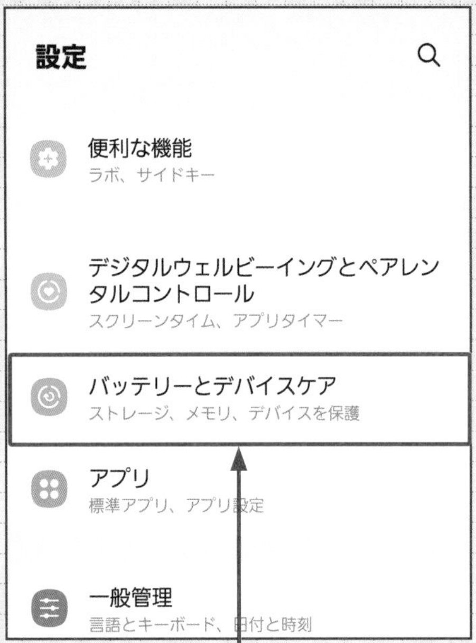

Galaxy S23 SC-51Dでは、「設定」アプリ内の[バッテリーとデバイスケア]をタップします。

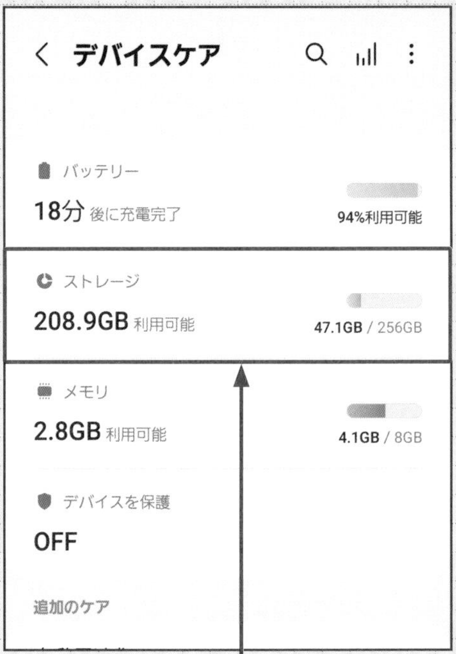

使用容量と空き容量を確認できます。

◎ カメラで動画を撮影する

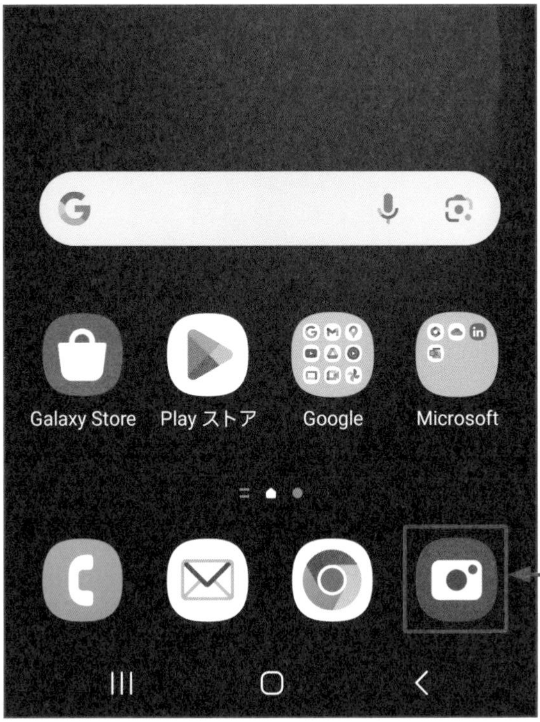

1 ホーム画面で をタップします。

2 動画 をタップします。

次へ

3 「動画」に切り替わります。

4 をタップすると、動画の撮影が開始されます。

5 ■ をタップすると、動画の撮影が終了します。

コラム 動画撮影を一時停止する

動画の撮影を終了することなく、その場面で一時停止したいときは、手順5の画面で ıı をタップします。撮影を再開したいときは、● をタップします。

次へ

◎ 撮影した動画を閲覧する

1 187ページの方法で「フォト」アプリを起動し、動画マークが表示されているサムネイルをタップします。

ポイント

動画は、サムネイルの右上に時間とが表示されています。

2 動画が自動で再生されます。

3 画面をタップすると、動画に関する操作が行えます。

4 を左右にドラッグすると、動画の再生位置を変更できます。

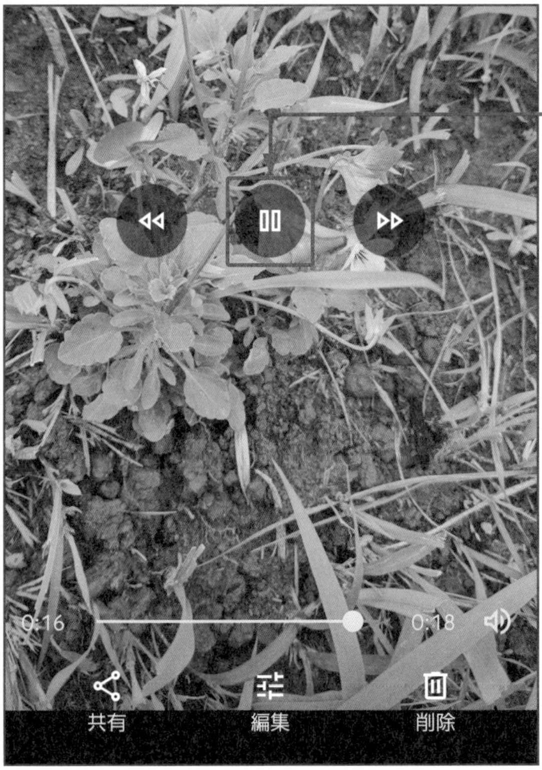

5 をタップすると、動画を停止することができます。

終わり

Section 39

撮影した写真を利用する

キーワード　写真・壁紙・メール

◎写真を送ったり壁紙に設定したりする

撮影した写真は、メールに添付して友だちに送ったり、ロック画面やホーム画面の壁紙として設定したりすることができます。

写真をメールに添付することができます。

壁紙に設定することもできます。

◎ 写真を壁紙にする

1 187ページ以降を参考に壁紙にしたい写真を表示し、 をタップします。

ポイント

メニューが表示されない場合は、画面をタップすると表示されます。

2 をタップします。

ポイント

写真閲覧アプリによっては、「壁紙に設定」などのメニューが表示されます。

次へ

3 写真を扱うアプリ（ここでは ）をタップします。

ポイント

利用できるアプリが複数あるときに、この画面が表示されます。

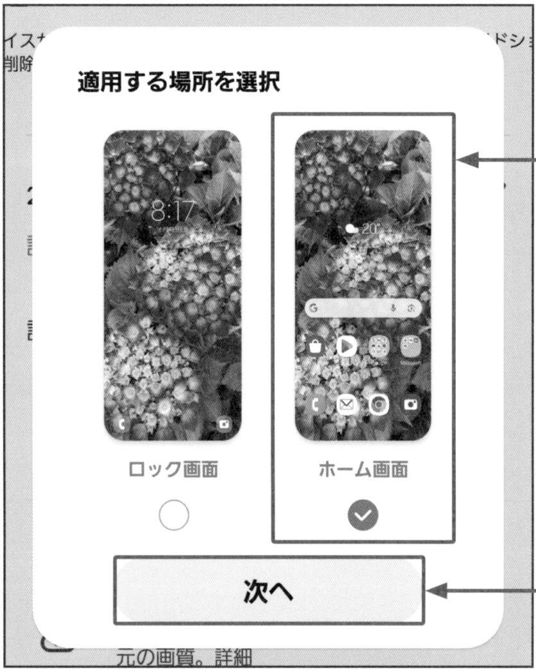

4 壁紙にしたい画面（ここでは［ホーム画面］）をタップします。

5 次へ をタップします。

6 完了 をタップすると、写真が壁紙に適用されます。

◎ ホーム画面とロック画面の壁紙

Androidスマートフォンの壁紙は、「ホーム画面」と「ロック画面」の2種類の画面にそれぞれ設定できます。ホーム画面は、スマートフォンのロックを解除したあとに常に表示される画面のことです。ロック画面は、電源キーを押したあとに表示される画面のことです。
また、Android 12から「Material You」機能が追加されました。壁紙の色合いに合わせて、アイコンやウィジェット、画面全体の色調を自動で調整し統一感を出します。

●ホーム画面

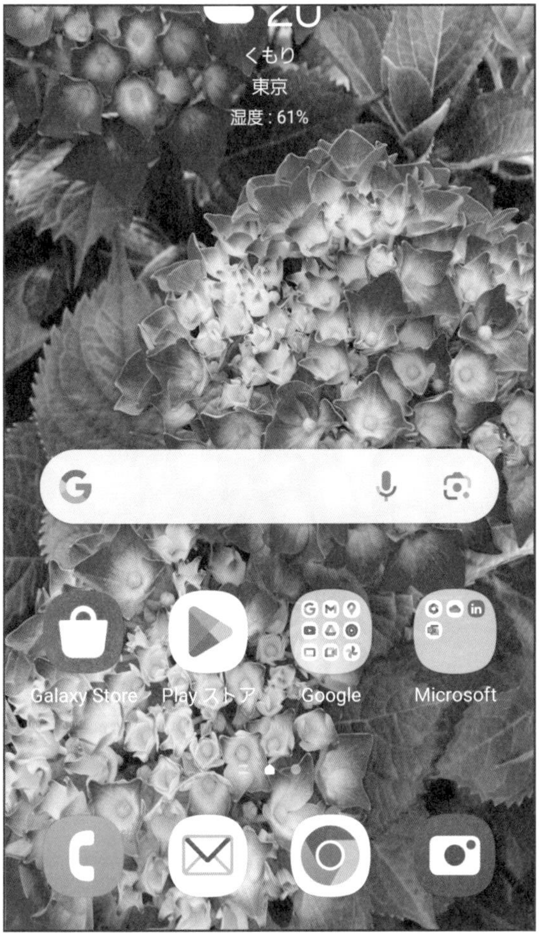

●ロック画面

次へ

◎ 写真をメールで送る

1 187ページ以降を参考にメールで送りたい写真を表示し、をタップします。

2 メールアプリ（ここでは）をタップします。

ポイント

名前をタップできる場合は、201ページの宛先の入力が省略できます。

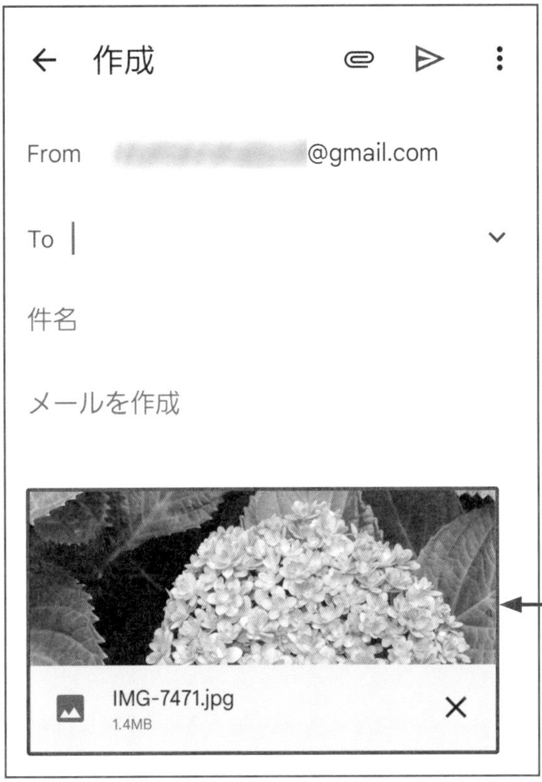

3 写真が添付された状態で、メール作成画面が表示されます。

4 宛先や件名、本文を**入力**して送信します。

次へ

◎ 写真をメールで送るときの注意

メールに写真を添付して送るときは、写真の容量に注意しましょう。メールアプリによって添付できる容量に制限があり、メールを受け取る側の環境にも配慮すべきです。動画などは容量が大きくなりやすいので、メールに添付するときは注意が必要です。
なお、写真や動画の容量は下記の方法で確認することができるので、メールに添付する際の参考にするとよいでしょう。

187ページ以降を参考に写真を表示し、⋮をタップします。

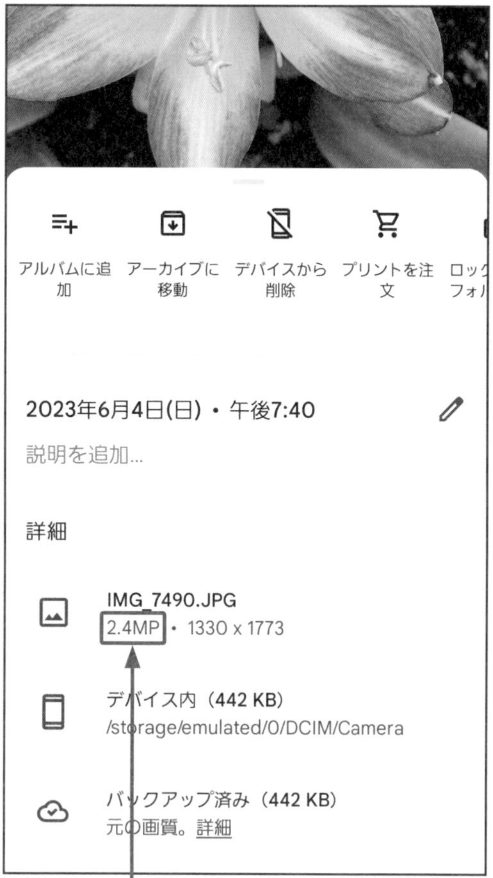

写真の容量が表示されます。

終わり

便利なアプリを利用する

8

この章でできること

- 標準アプリの種類を知る
- アプリを追加する
- 有料アプリを購入する
- ギフトカードの使い方を知る
- アプリを更新・削除する

Section 40

標準で利用できる便利アプリ

キーワード 標準アプリ・カレンダー・電卓

◎標準アプリの種類

Androidスマートフォンには購入したときからすでにインストールされている標準アプリがいくつかあります。標準アプリは大きく分けて、スマートフォンの製造メーカーや携帯電話会社が提供しているアプリと、Googleが提供しているほとんどのAndroidスマートフォンで共通のアプリの、2つの種類があります。

●製造メーカーのアプリ（Samsung）

●Googleのアプリ

時計

「時計」アプリでは、アラームを設定できます。また、世界の時刻を確認したり、ストップウォッチを利用したりすることも可能です。

電卓

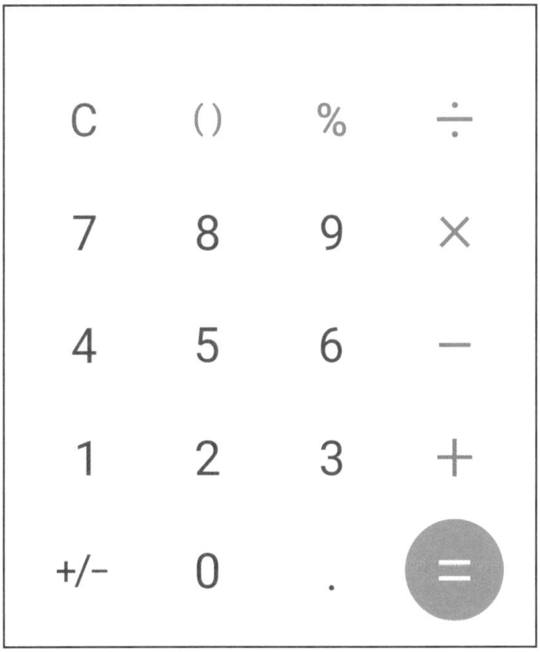

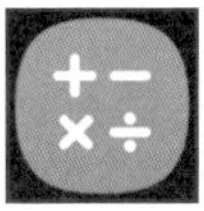

基本的な計算が行える計算機アプリです。

次へ

◎カレンダー

「カレンダー」アプリでは、予定を管理できます。「月」「週」「日」など、表示を変えることもできます。

ポイント

機種によっては、「スケジュール」アプリなどの場合もあります。

◎ドライブ

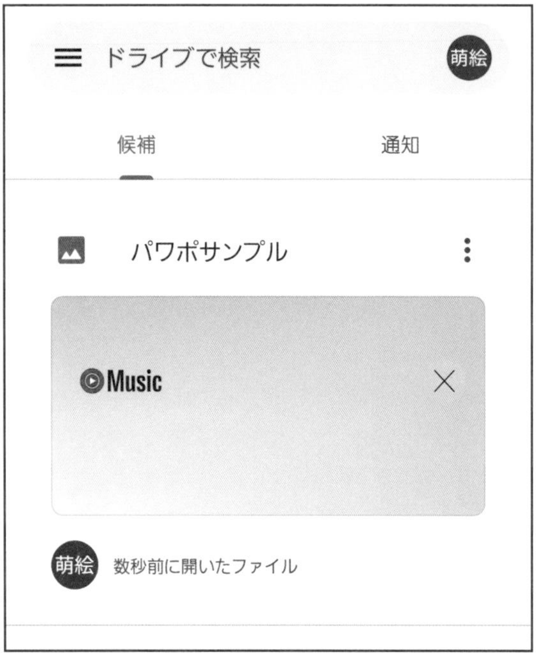

動画、写真、書類など、さまざまなデータを保存できます。また、インターネットに接続できる端末があればどこからでも、ドライブに保存したデータを閲覧したり、ほかのユーザーと共有したりできます。

YT Music

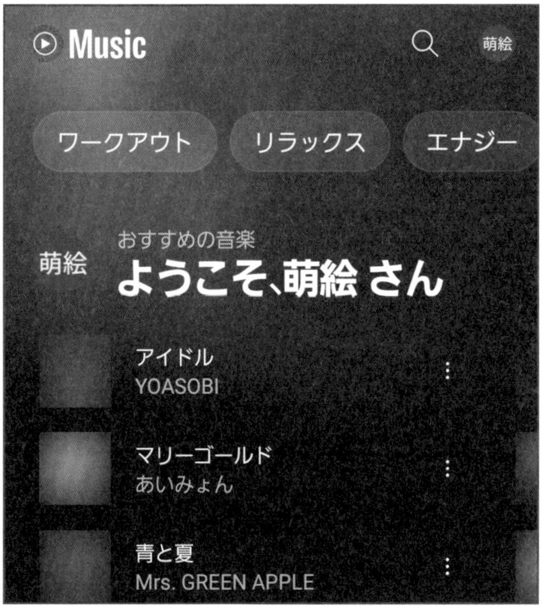

パソコンから転送した曲や、定期購入した定額配信の曲を聴くことができます。公式アルバムやライブ映像、ミュージックビデオなども視聴できます。

Google TV

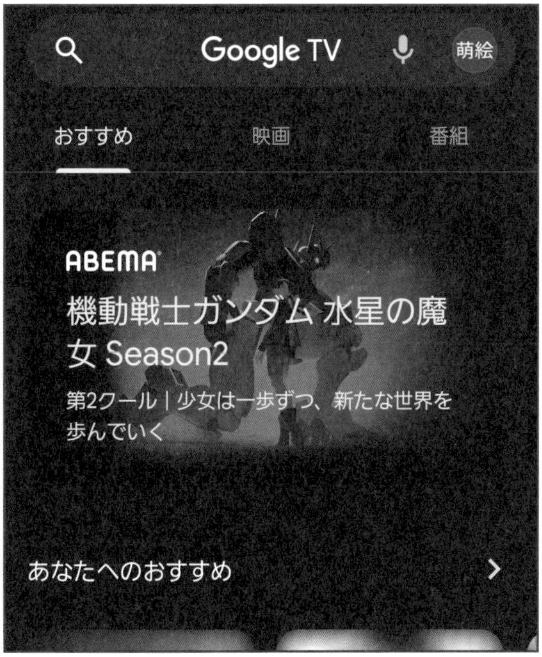

映画やテレビ番組をレンタルまたは購入して視聴することができます。また、テレビと接続することで、大画面での視聴も可能です。

終わり

Section 41

アプリを追加する

キーワード アプリ・Play ストア・インストール

◎アプリを追加して使いやすくする

Androidスマートフォンには、最初からさまざまなアプリがインストールされていますが、「Play ストア」(Google Play)から、いろいろな機能のアプリをインストールすることができます。便利なアプリを探し、追加してみましょう。

「Play ストア」で「乗換案内」アプリをインストールします。

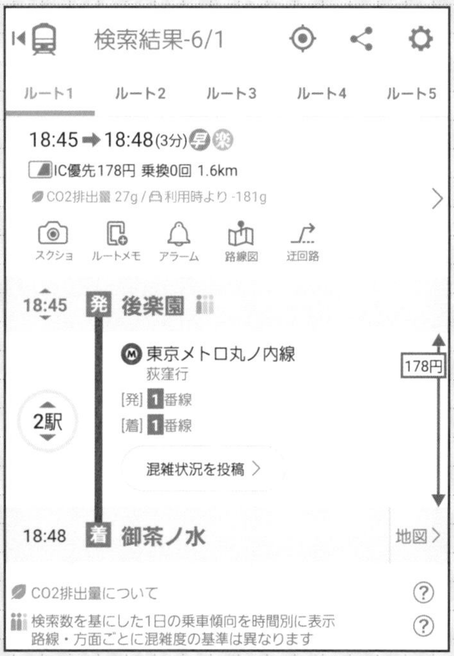

乗り換えルートや時間などの情報をすばやく調べることができます。

◎ Play ストアからアプリを追加する

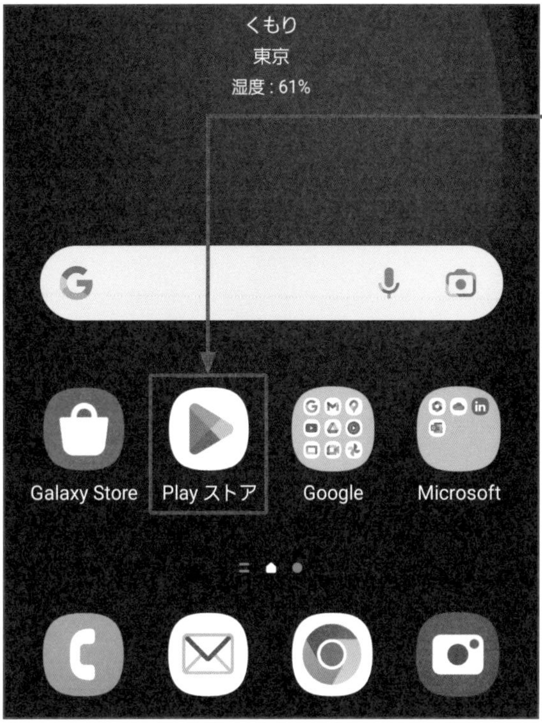

1 ホーム画面で をタップ し、「Play ストア」を起動します。

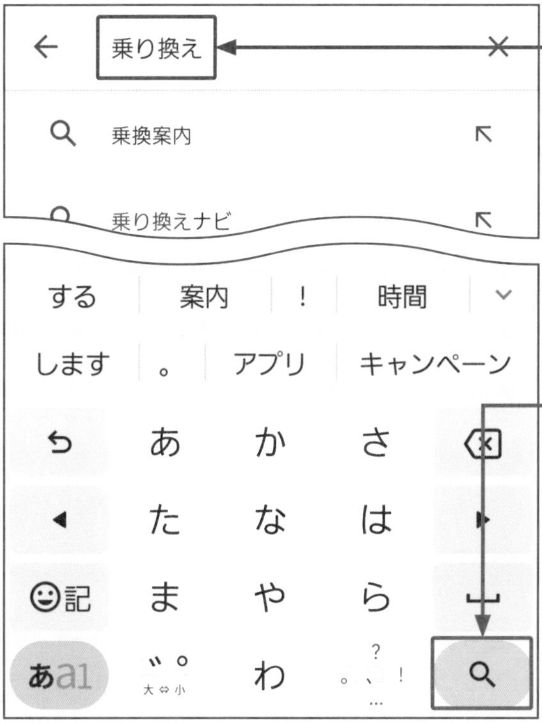

2 画面の最上部にある検索欄にキーワード（ここでは「乗り換え」）を**入力** します。

3 をタップ します。

次へ

4 検索結果が表示されます。

5 インストールしたいアプリを**タップ**します。

ポイント

この画面で インストール をタップしても、インストールすることができます。

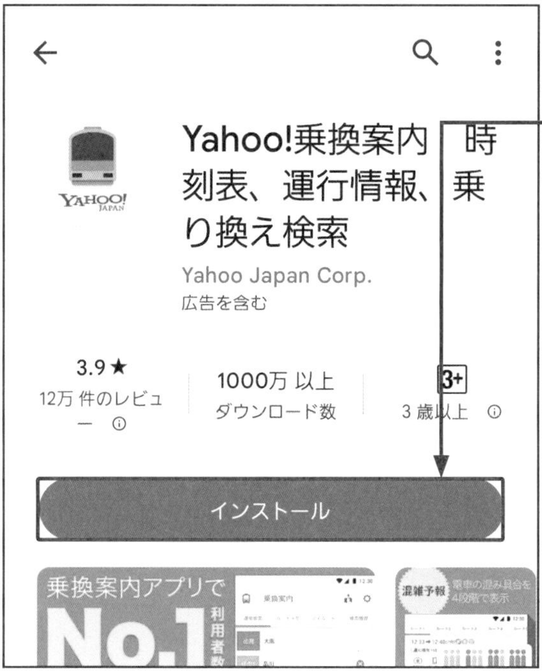

6 詳細画面が表示されます。 インストール をタップします。

ポイント

詳細画面では、アプリの説明や利用者の感想を確認することができます。

コラム アカウント設定を求められた場合

初めてPlay ストアを利用するときは、手順6のあとに「アカウント設定の完了」画面が表示され、画面に従い［次へ］をタップすると、支払い方法の追加を求められます。支払いは、「各携帯電話会社の決済サービス」「クレジットカード」「Google Play ギフトコード」などの方法から選べます。無料のアプリでは、ここで［スキップ］をタップすると、登録しなくてもインストールが始まりますが、事前にクレジットカード情報を登録しておくと、有料アプリの購入をスムーズに進めることができます（Sec.42参照）。

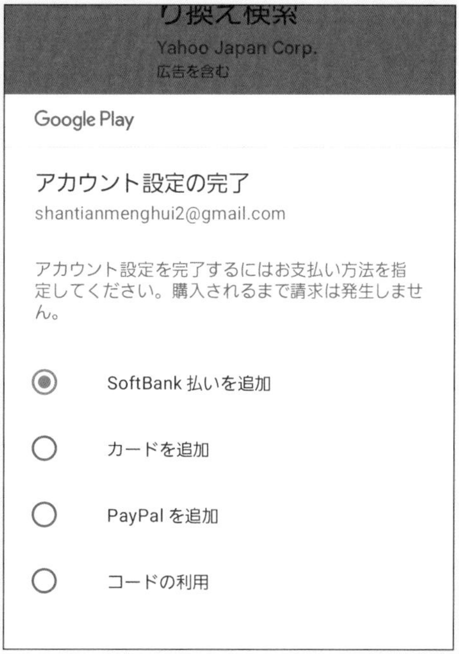

次へ

7 インストール状況が表示されます。

ポイント

アプリのインストールは、なるべくWi-Fiに接続した状態で行いましょう。

8 インストールが終わると、ホーム画面またはアプリ一覧画面にアプリが追加されます。

◎ 人気のアプリから探す

1 209ページの方法で「Play ストア」を起動し、ランキングをタップします。

2 ランキングが表示されます。カテゴリ別 ▾ をタップし、カテゴリを選択してアプリを探します。

終わり

Section 42

有料のアプリを購入する

キーワード 有料アプリ・Play ストア・購入

◎有料アプリの支払い方法

有料アプリの支払い方法には、「各携帯電話会社の決済サービス」「クレジットカード」「Google Play ギフトコード」(218～219ページ参照)などがあります。「Google Playギフトコード」は、コンビニなどで販売されており、プリペイド方式でアプリの購入ができるので、クレジットカードを登録したくないときに便利です。

「Play ストア」で[お支払いと定期購入]→[お支払い方法]の順にタップします。

支払い方法を追加しておくと、かんたんに購入ができるようになります。

◎ クレジットカードで購入する

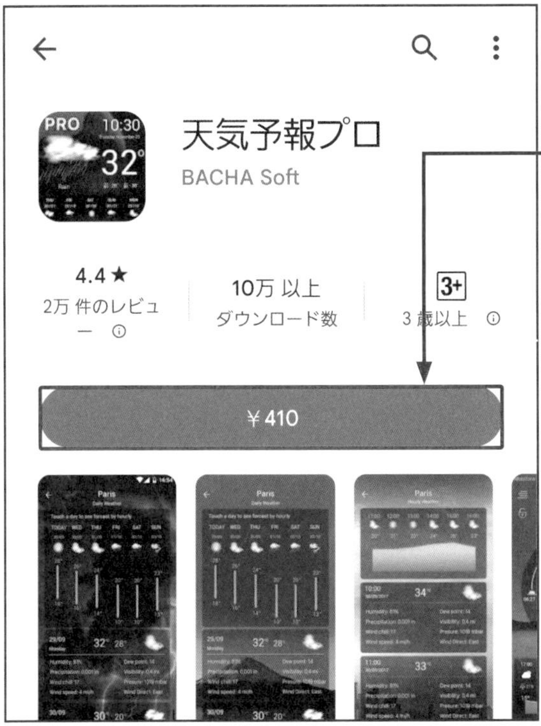

1 209～211ページを参考にアプリの詳細画面を表示し、金額を**タップ**します。

ポイント

有料アプリは、インストールのかわりに金額が表示されます。

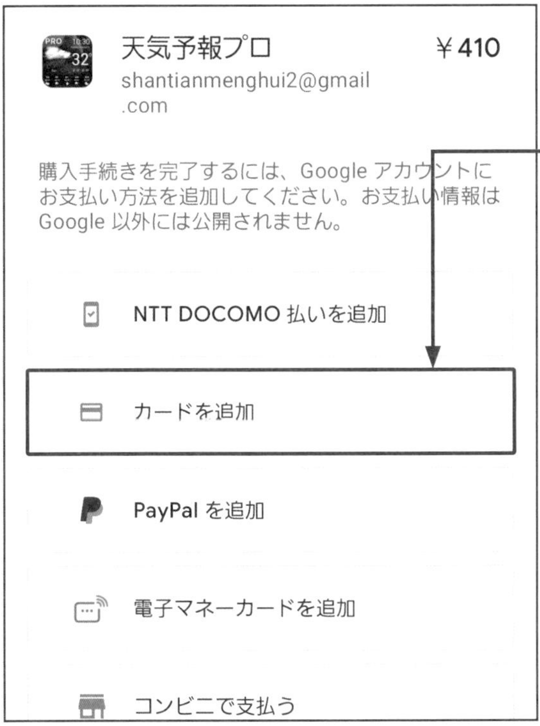

2 支払い方法の選択画面が表示されます。ここでは、カードを追加を**タップ**します。

次へ

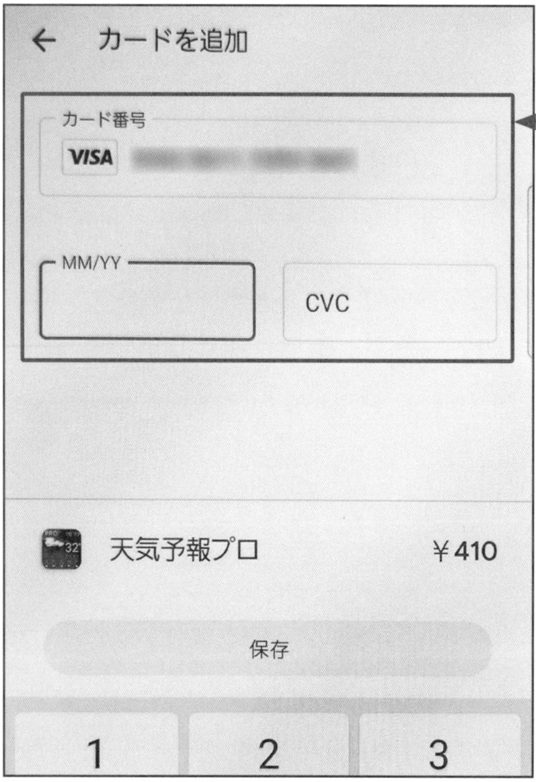

3 カード番号などを**入力**します。

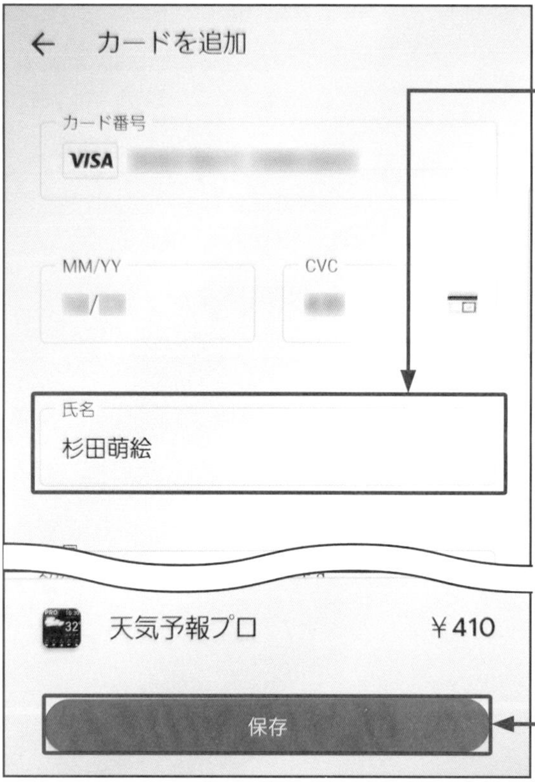

4 名前などを**入力**します。

5 保存 を**タップ**します。

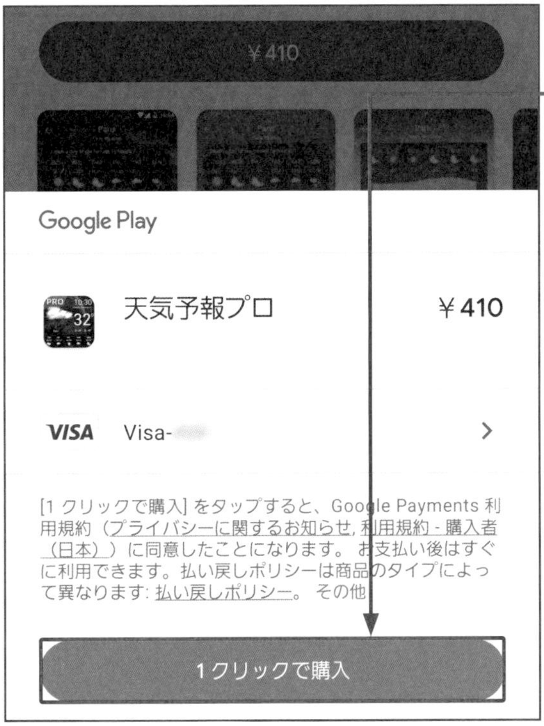

¥410
Google Play
天気予報プロ
¥410
VISA
Visa-
[1 クリックで購入] をタップすると、Google Payments 利用規約（プライバシーに関するお知らせ, 利用規約 - 購入者（日本））に同意したことになります。 お支払い後はすぐに利用できます。払い戻しポリシーは商品のタイプによって異なります: 払い戻しポリシー。 その他
1クリックで購入

6 1クリックで購入 をタップします。

ポイント

この画面は初回の画面です。2回目以降は 購入 をタップします。

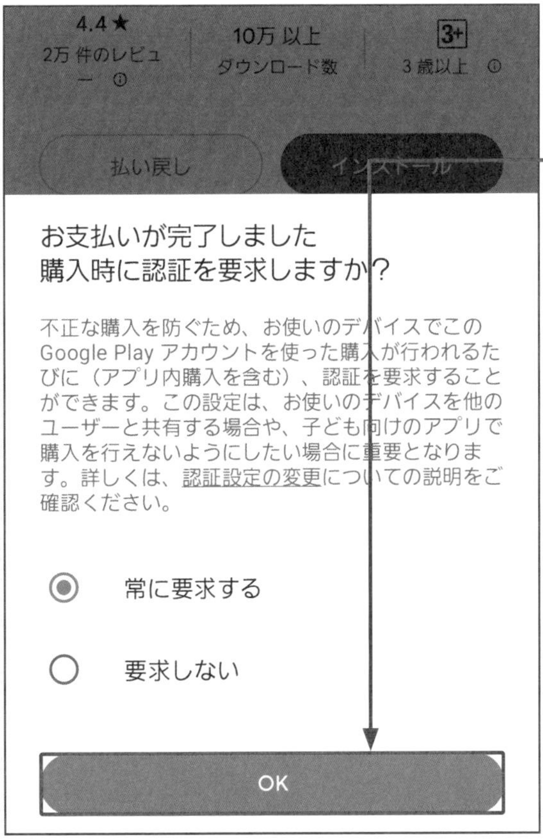

4.4★
2万 件のレビュー
10万 以上
ダウンロード数
3+
3 歳以上
払い戻し
インストール
お支払いが完了しました
購入時に認証を要求しますか?
不正な購入を防ぐため、お使いのデバイスでこの Google Play アカウントを使った購入が行われるたびに（アプリ内購入を含む）、認証を要求することができます。この設定は、お使いのデバイスを他のユーザーと共有する場合や、子ども向けのアプリで購入を行えないようにしたい場合に重要となります。詳しくは、認証設定の変更についての説明をご確認ください。
常に要求する
要求しない
OK

7 「お支払いが完了しました」と表示されたら、購入時に認証を要求するか選択し、 OK をタップします。

ポイント

2回目以降は、Googleアカウントのパスワードを入力して、 確認 をタップします。

次へ

◎ ギフトカードを追加する

1 209ページの方法で「Play ストア」を起動し、画面右上のGoogleアカウントのアイコン（ここでは 萌絵 ）→ お支払いと定期購入 の順に**タップ**します。

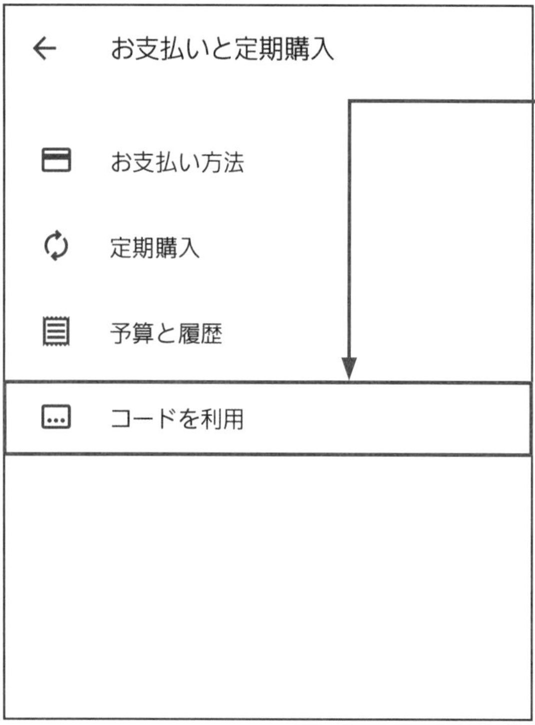

2 コードを利用 を**タップ**します。

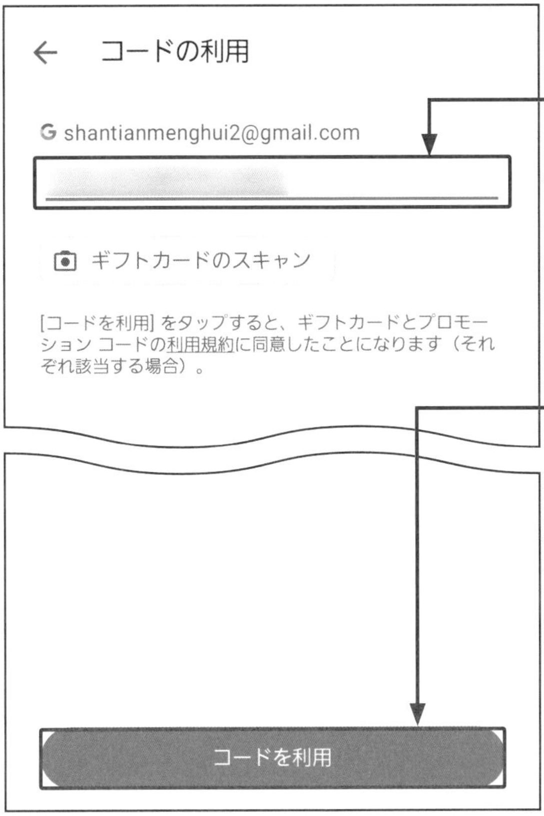

← コードの利用
G shantianmenghui2@gmail.com
ギフトカードのスキャン
[コードを利用] をタップすると、ギフトカードとプロモーション コードの利用規約に同意したことになります（それぞれ該当する場合）。
コードを利用

3 コンビニなどで購入したカードのラベルを削ってはがし、コードを入力します。

4 コードを利用 をタップします。

ポイント

ギフトカードのスキャン をタップして、コードをAndroidスマートフォンのカメラで読み取ると、入力を省略できます。

shantianmenghui2@gmail.com に ￥1,500 を入金しようとしています
確認

5 確認 をタップします。

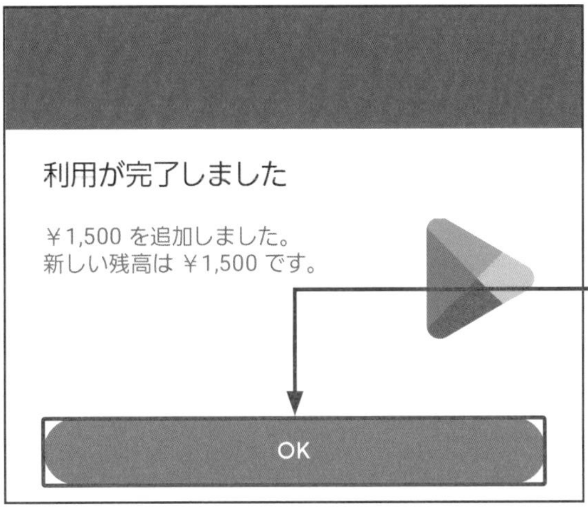

利用が完了しました
￥1,500 を追加しました。
新しい残高は ￥1,500 です。
OK

6 ギフトカードの金額が追加されます。

7 OK をタップします。

終わり

Section 43 アプリを更新する・削除する

キーワード アプリ・更新・削除

◎アプリを最新の状態にする

Androidスマートフォンにインストールしたアプリは更新することで、最新機能の利用や不具合の修整、セキュリティ向上も見込まれます。初期状態では、Wi-Fi接続時に自動でアプリが更新される設定になっていますが、手動で更新することも可能です。

更新できるアプリがあると、通知で表示されます。

「Play ストア」の設定では、アプリの自動更新の設定ができます。

◎ アプリを更新する

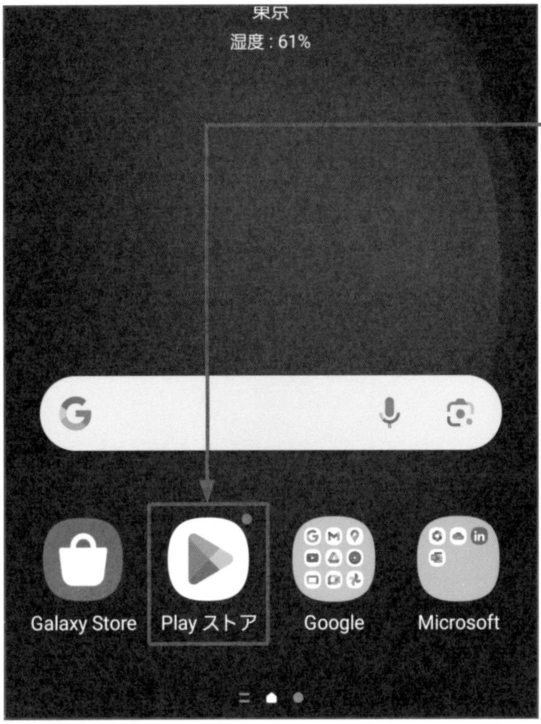

1 ホーム画面（またはアプリ一覧画面）を表示し、をタップします。

2 画面右上のGoogleアカウントのアイコン（ここでは萌絵）をタップします。

次へ

3 [アプリとデバイスの管理] をタップします。

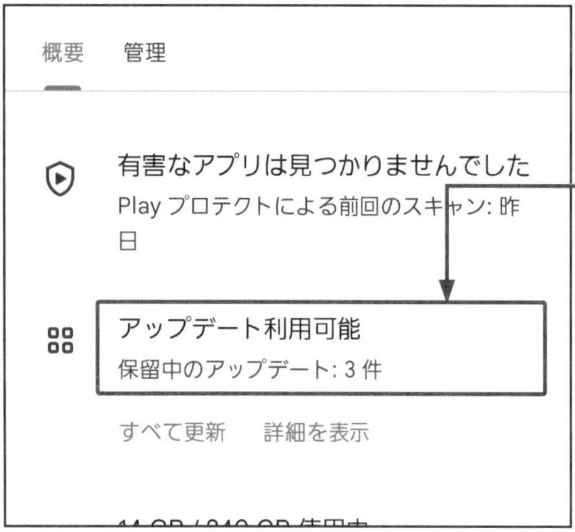

4 更新（アップデート）がある場合、「アップデート利用可能」と表示されるのでタップします。

5 [すべて更新] をタップします。

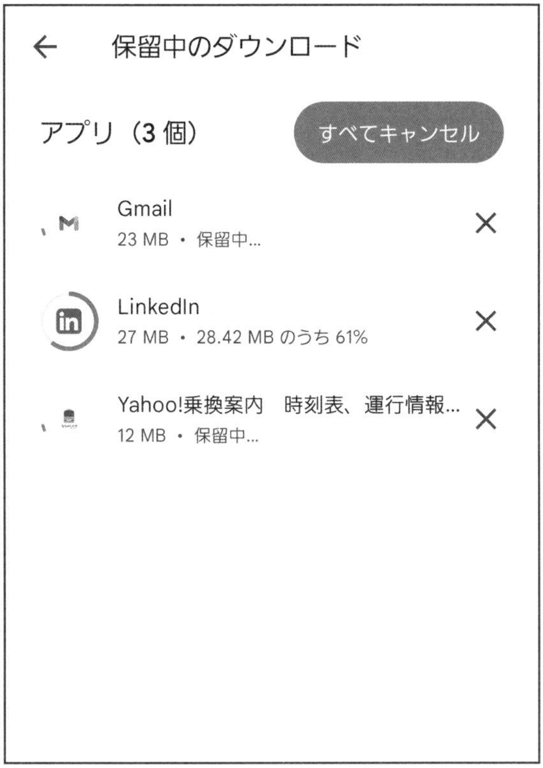

6 更新が開始されます。

ポイント

更新できるアプリがない場合は、「更新」は表示されません。

コラム　個別更新

アプリは個別に更新することも可能です。個別に更新したい場合は、「アプリとデバイスの管理」画面を開き、［アップデート利用可能］をタップして、更新したいアプリの更新をタップします。該当のアプリだけが更新されます。

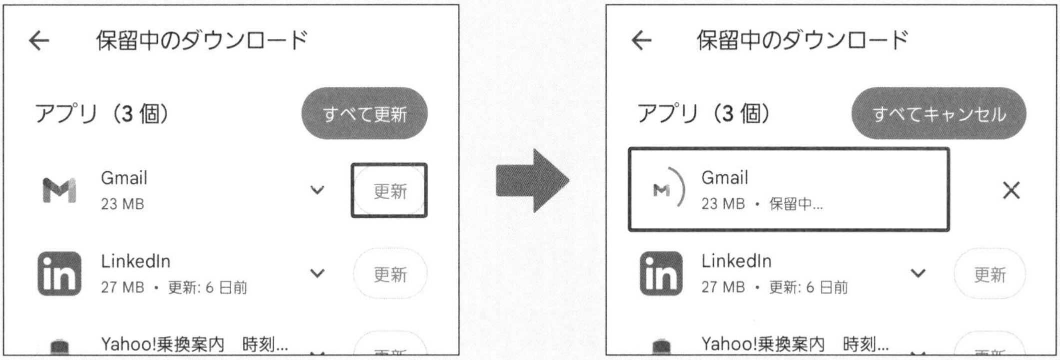

次へ

◎ アプリを削除する

1 222ページ手順**4**の画面で上部の 管理 をタップし、削除したいアプリをタップして、アンインストール をタップします。

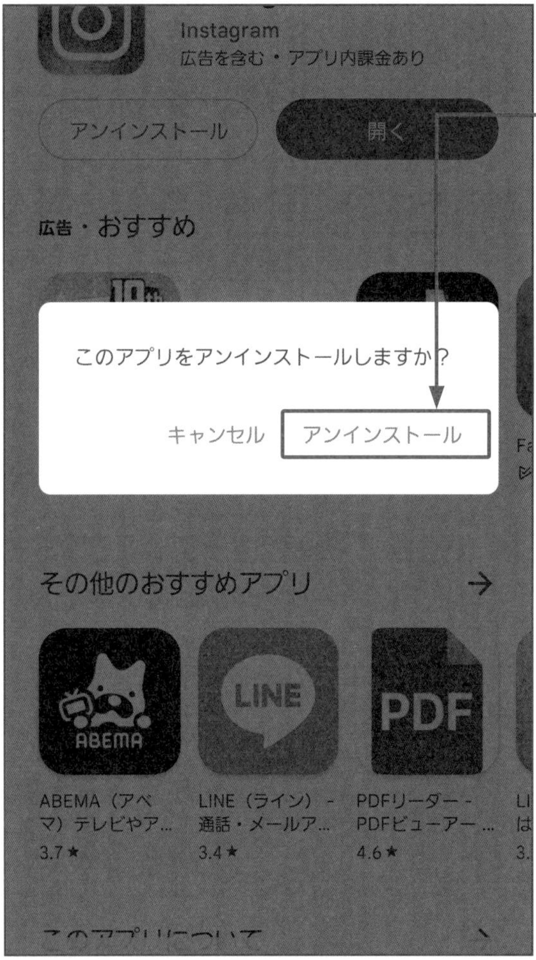

2 アンインストール をタップすると、アンインストールされます。

ポイント

削除したアプリは、「アプリとデバイスの管理」の「管理」で、［未インストール］をタップすると表示されます。

ポイント

ホーム画面やアプリ一覧画面上のアプリをロングタッチし、表示される［アンインストール］をタップしてアンインストールすることもできます。

終わり

LINEを利用する

9

この章でできること

- LINEのアカウントを作る
- LINEの友だちを追加する
- LINEでトークする
- 写真を送る
- 無料通話をする

Section 44

LINEのアカウントを登録する

キーワード LINE・LINEアカウント・新規登録

◎LINEでできること

LINEは、無料（データ通信を利用）でメッセージのやり取りや音声通話などができるアプリです。「LINE」を利用するには、SMS対応の回線契約が必要です。メッセージは、文字に加えてさまざまな種類のスタンプや、写真・動画・音声を送ることができます。また、同時に複数の人とメッセージのやり取りができる「グループ」機能も備わっているので、グループ内で写真の共有などもかんたんに行えます。

木村一夫
既読 午後3:40
近所に植物園を見つけたんだけど、一緒に行かない？
いいね！
午後3:40
午後3:40
何時に待ち合わせる？
午後3:41
既読 午後3:42
13時にいつもの駅前でいいかな？

LINEを使っている人どうしで、メッセージのやり取りができます。

スタンプショップ
ホーム
人気
新着
無料
絵文字
スタンプを1個からダウンロード!
使いたいスタンプだけを集めよう♪
©nagano
LINEスタンプ プレミアム
1,000万種類を超えるクリエイターズスタンプが使い放題。
無料で試す
あなたへのおすすめスタンプ
もっと見る

有料や無料の、さまざまな種類のスタンプが用意されています。

◎ LINEの新規登録をする

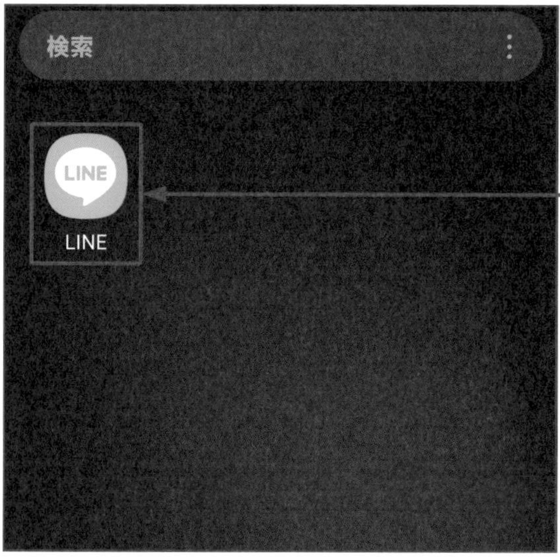

1 事前に「LINE」アプリをインストールしたうえで、ホーム画面で をタップ して起動します。

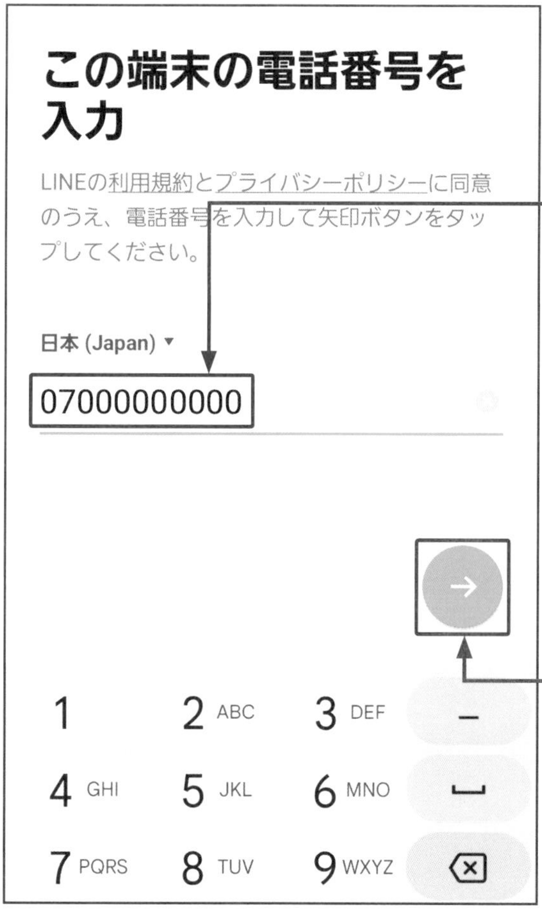

2 新規登録 をタップ し、表示される画面で 次へ → 許可 の順にタップ すると電話番号が自動入力されます。

ポイント

電話番号が自動入力されない場合は、手動で入力します。

3 → をタップ します。

次へ

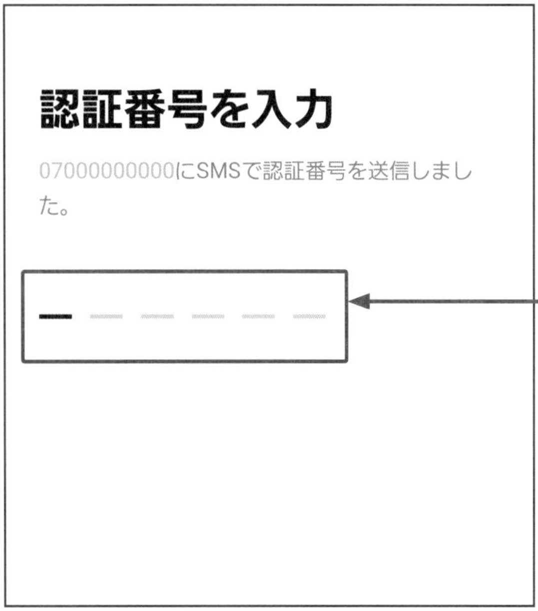

4 OK をタップすると、LINEからSMSで認証番号が届き、許可 をタップすると次の画面で認証番号が自動入力されます。

ポイント

自動入力されない場合は、SMSを確認し、手動で入力します。

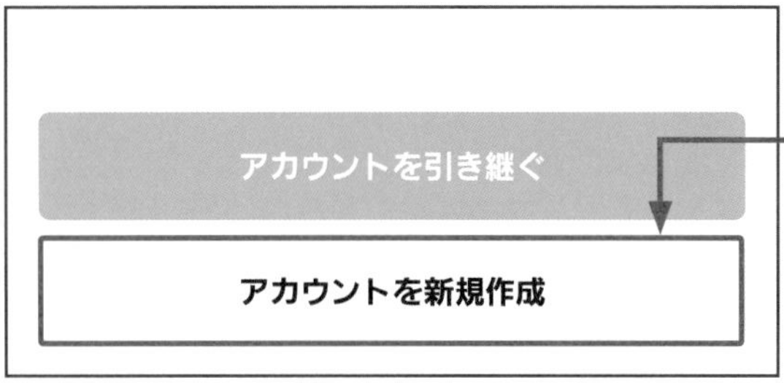

5 アカウントを新規作成 をタップします。

6 名前を入力します。

7 → をタップします。

ポイント

手順5の画面で「おかえりなさい、○○!」と表示された場合は、［いいえ、違います］をタップします。

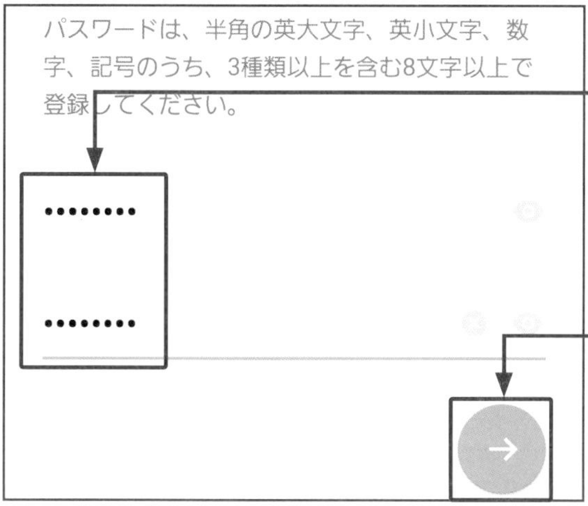
パスワードは、半角の英大文字、英小文字、数字、記号のうち、3種類以上を含む8文字以上で登録してください。
••••••••
••••••••

8 アカウントに設定するパスワードを**入力**します。

9 [→]を**タップ**します。

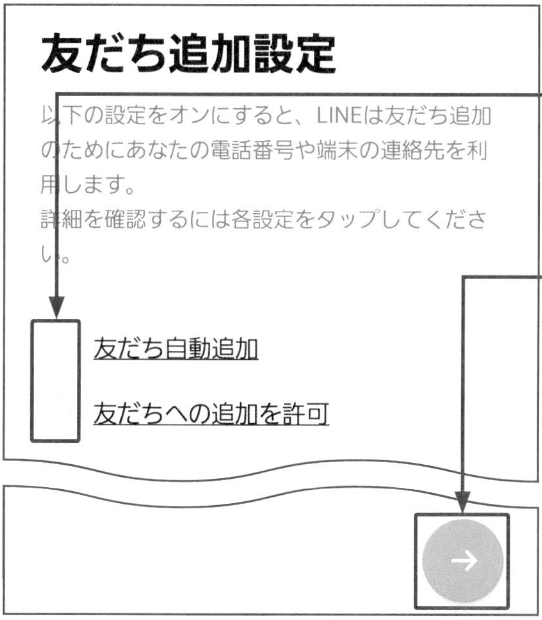
友だち追加設定
以下の設定をオンにすると、LINEは友だち追加のためにあなたの電話番号や端末の連絡先を利用します。
詳細を確認するには各設定をタップしてください。
友だち自動追加
友だちへの追加を許可

10 ここでは、[✓]を**タップ**して[ ]にします。

11 [→]を**タップ**します。

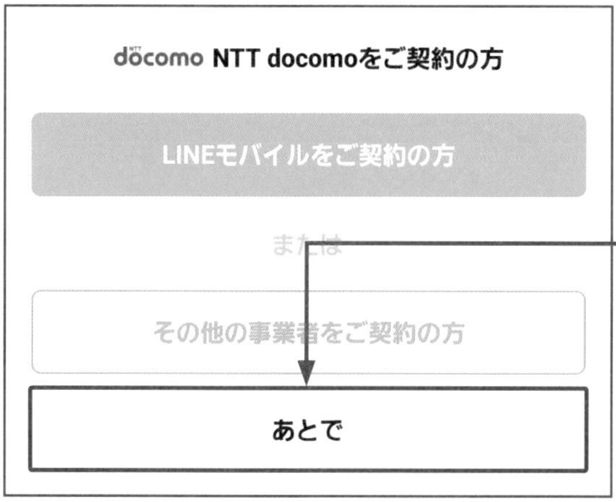
docomo NTT docomoをご契約の方
LINEモバイルをご契約の方
または
その他の事業者をご契約の方
あとで

12 年齢確認を求める画面が表示されます。ここでは、**あとで**を**タップ**します(231ページ参照)。

次へ

13 同意する → OK の順にタップし、画面の指示に従って必要なサービスを許可します。

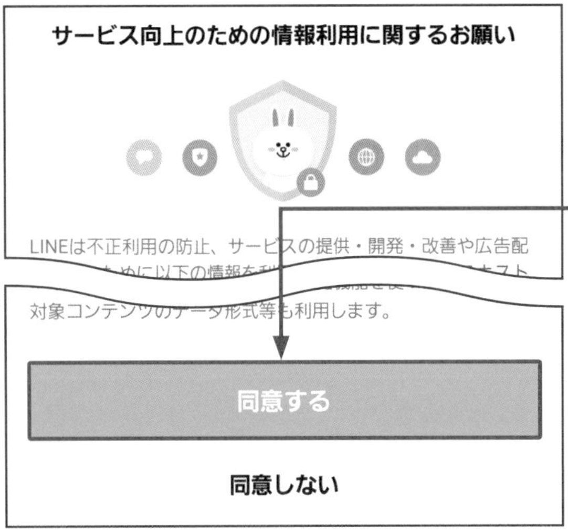
サービス向上のための情報利用に関するお願い
LINEは不正利用の防止、サービスの提供・開発・改善や広告配
対象コンテンツのデータ形式等も利用します。
同意する
同意しない

14 追加する → 許可 → 通知をオンにする の順にタップし、画面の指示に従って必要なサービスを許可します。

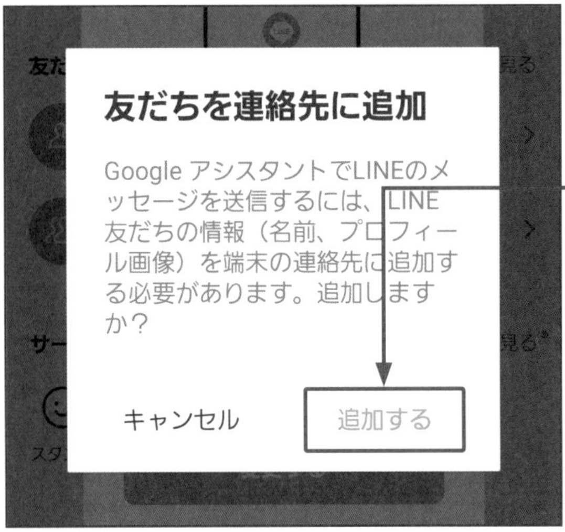
友だちを連絡先に追加
Google アシスタントでLINEのメッセージを送信するには、LINE友だちの情報（名前、プロフィール画像）を端末の連絡先に追加する必要があります。追加しますか？
キャンセル
追加する

15 LINEの登録が完了します。

杉田萌絵
ステータスメッセージを入力
BGMを設定
おばあちゃんがLINE使う >
友だちリスト
すべて見る
友だちを追加
友だちを追加してトークを始めよう。
グループ作成
グループを作ってみんなでトークしよう。

コラム 年齢確認を行うには

LINEでは、青少年の保護を目的として年齢制限が設けられており、年齢確認ができない、または「18歳未満」のユーザーはID検索や電話番号検索ができないなど、一部の機能が制限されています。2023年7月現在、年齢確認が利用できるのは、NTTドコモ、au、ソフトバンク、ahamo、LINEMO、UQモバイル、Y!mobile、楽天モバイル（「Rakuten UN-LIMIT VI」プラン）、IIJmio、mineo、イオンモバイルの回線契約をしているユーザーとなっています。

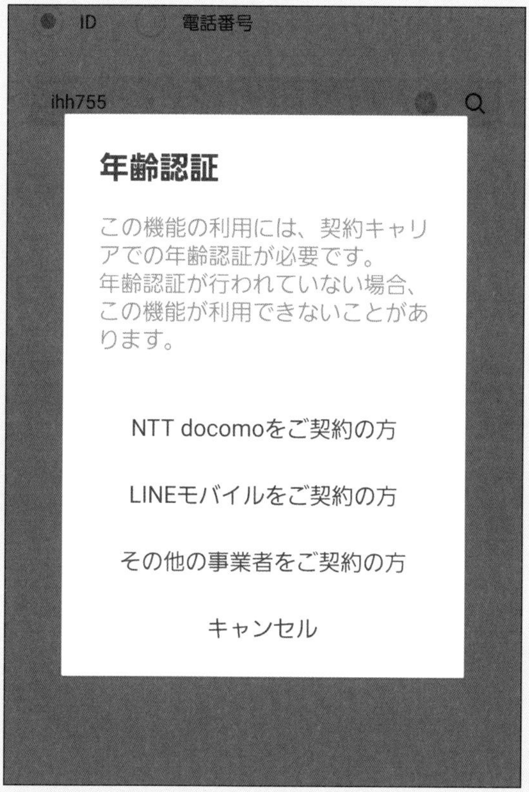

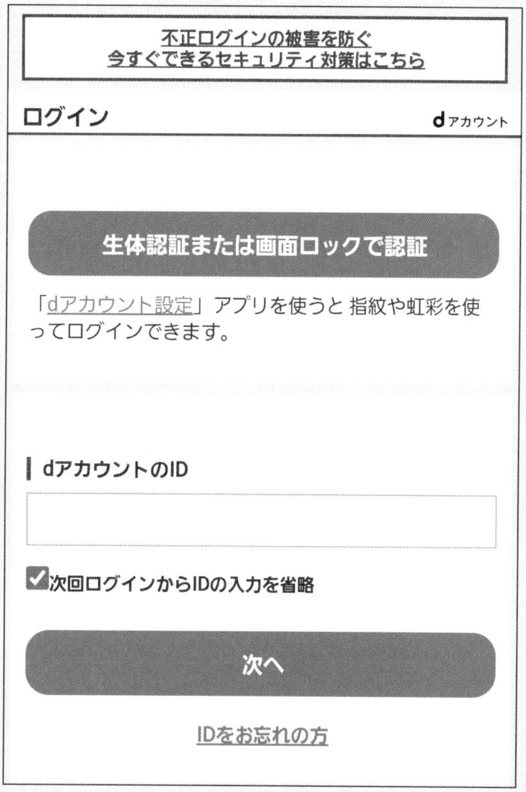

年齢認証を行わないと、IDや電話番号で友だちを検索することができません。

年齢認証には、年齢確認に対応した回線を契約する必要があります。

終わり

Section 45 プロフィール写真を設定する

キーワード LINE・プロフィール・プロフィール写真

◎プロフィール写真の見え方

LINEでは、プロフィールを設定することで友だちからあなたのアカウントを見つけてもらいやすくなります。とくにプロフィール写真は「ホーム」画面や「トーク」画面での目印になるので、設定しておきましょう。

友だちの「ホーム」画面の「友だち」欄にプロフィール写真が表示されます。

友だちのトークルームでは、左側にあなたのプロフィール写真が表示されます。

プロフィール写真を設定する

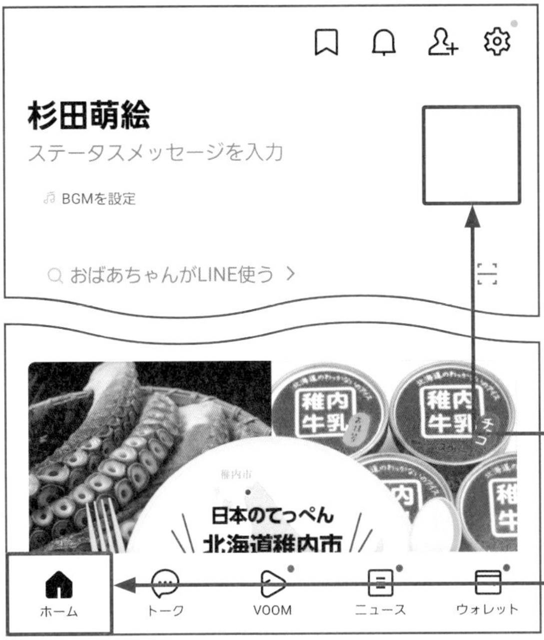

1 227ページの方法で「LINE」アプリを起動し、ホーム をタップします。

2 自分のプロフィール写真（ここでは ）をタップします。

3 をタップします。

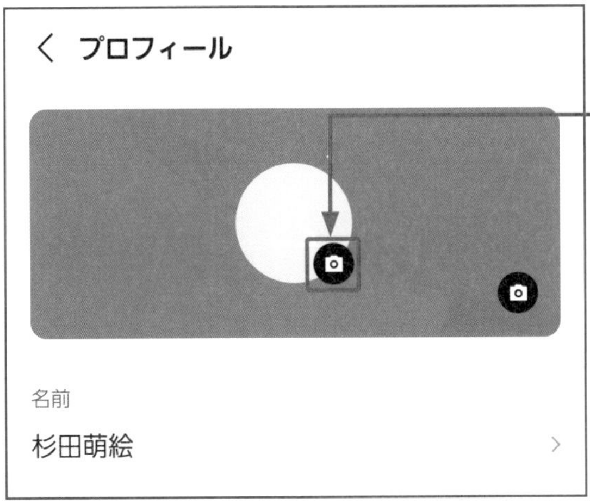

4 「プロフィール」画面が表示されます。 をタップします。

次へ

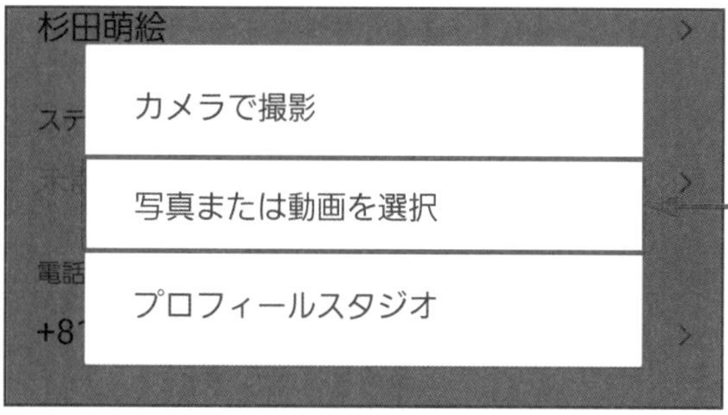

5 写真または動画を選択 をタップします。

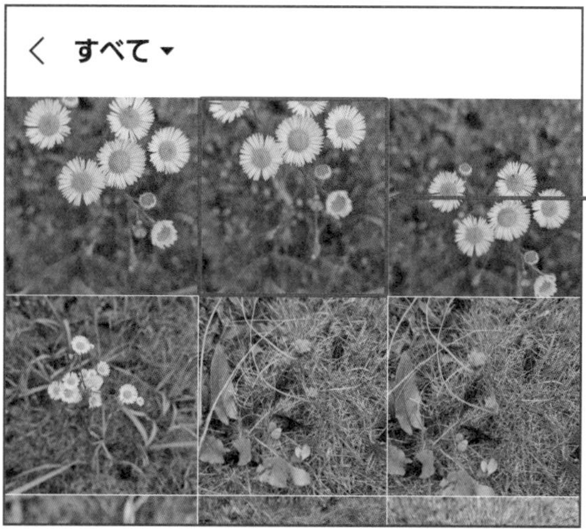

6 初回は 許可 をタップし、スマートフォン本体内のプロフィール写真にしたい写真をタップします。

7 枠の四隅をドラッグして範囲を指定し、

8 次へ をタップします。

9 **完了** をタップします。

10 プロフィール写真が設定されます。

ポイント

「プロフィール」画面では、名前の変更やステータスメッセージの設定ができます。

終わり

Section 46

友だちを追加する

キーワード LINE・友だち・QRコード

◎LINEで友だちを追加する方法

LINEでは229ページ手順10の画面で「友だち自動追加」を有効にしておくと、連絡先の情報をもとに自動で友だちが追加されます。また、手動で友だちを追加する方法も豊富に用意されています。

●ID検索

●電話番号検索

●QRコード

●知り合いかも?

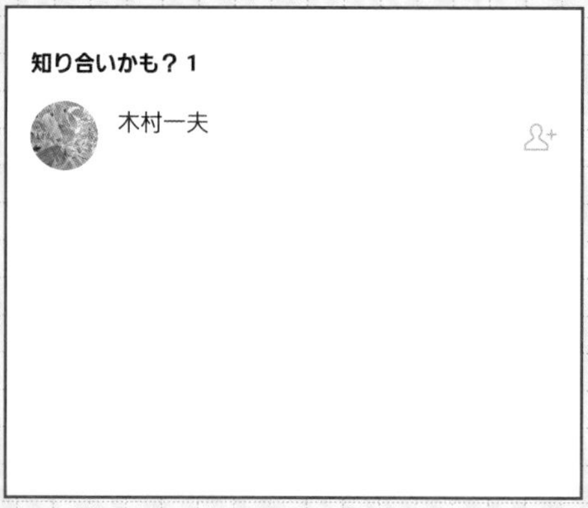

QRコードで友だちを追加する

1 227ページの方法で「LINE」アプリを起動し、ホーム→ の順にタップします。

2 「友だち追加」画面が表示されます。QRコード をタップします。

ポイント

年齢確認をしている場合は、［検索］をタップすると、ID検索と電話番号検索ができます。

次へ

3 アプリの使用時のみ をタップし、友だちのQRコードをアウトカメラで読み取ります。

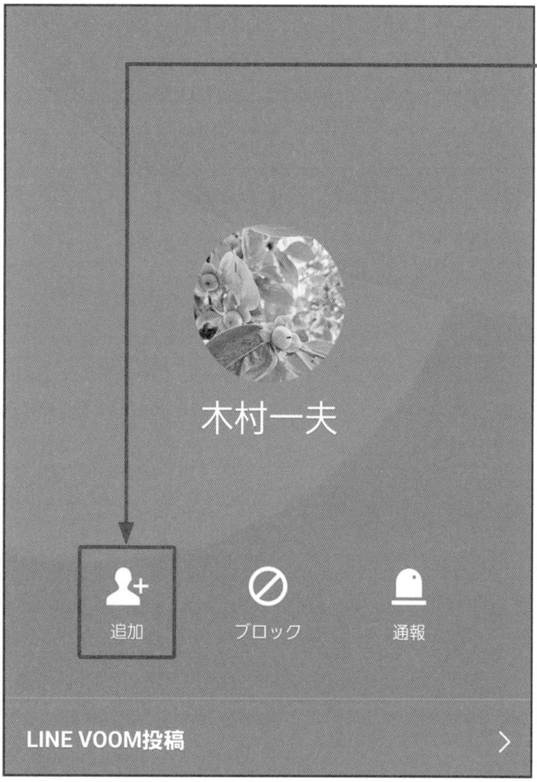

4 追加 をタップします。

◎ マイQRコードを表示する

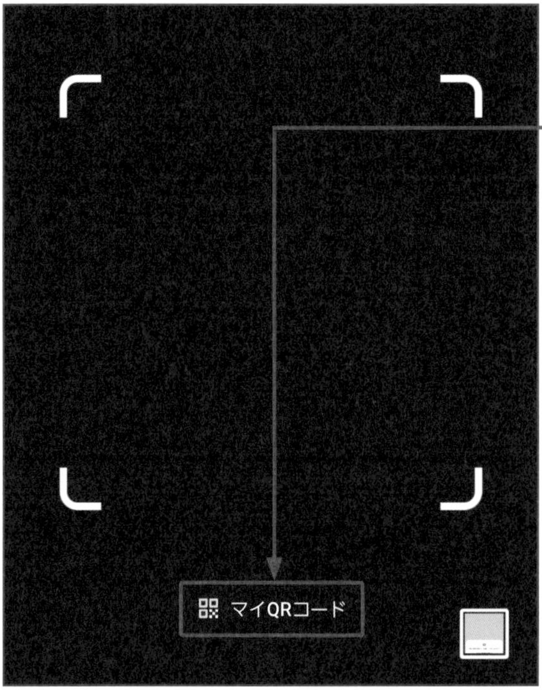

1 238ページ手順 **3** の画面で マイQRコード をタップします。

2 マイQRコードが表示されます。友だちにこのQRコードを読み取ってもらうと友だちになれます。

ポイント

マイQRコードは 更新 → OK の順にタップすると更新できます。個人情報漏洩の予防のため、定期的に更新しましょう。

終わり

Section 47

トークを利用する

キーワード トーク・トークルーム・スタンプ

◎トークルームを確認する

友だちとのトークはトークルームで行います。一度作成したトークルームは「トーク」画面から表示できます。

「トーク」画面で確認したいトークルームをタップします。

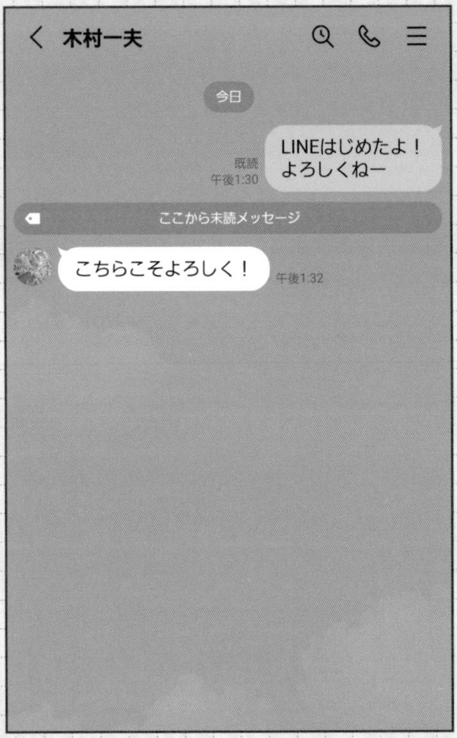

トークルームが表示されます。

友だちとトークをする

1 233ページの方法でホーム画面を表示し、友だち をタップします。

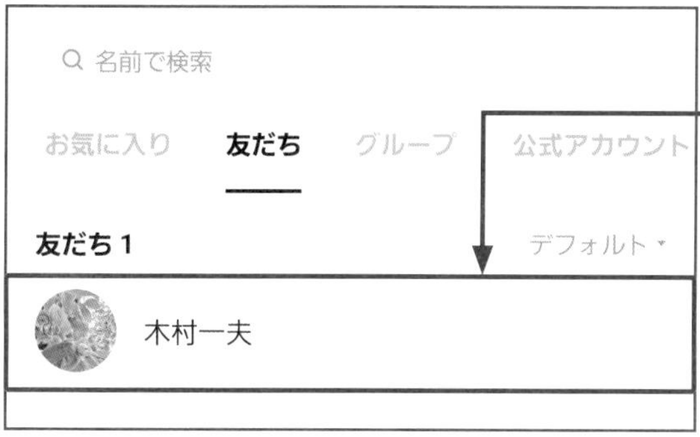

2 トークをしたい友だちをタップします。

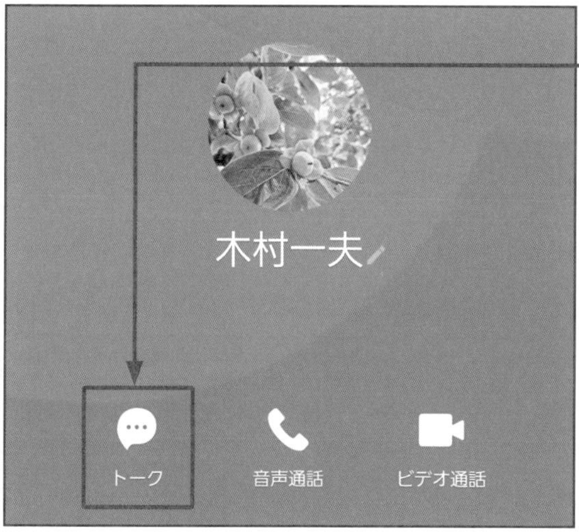

3 をタップします。

ポイント

2回目以降のトークは、手順**1**の画面で画面下部のをタップし、トークルームをタップすると、242ページ手順**4**の画面が表示されます。

次へ

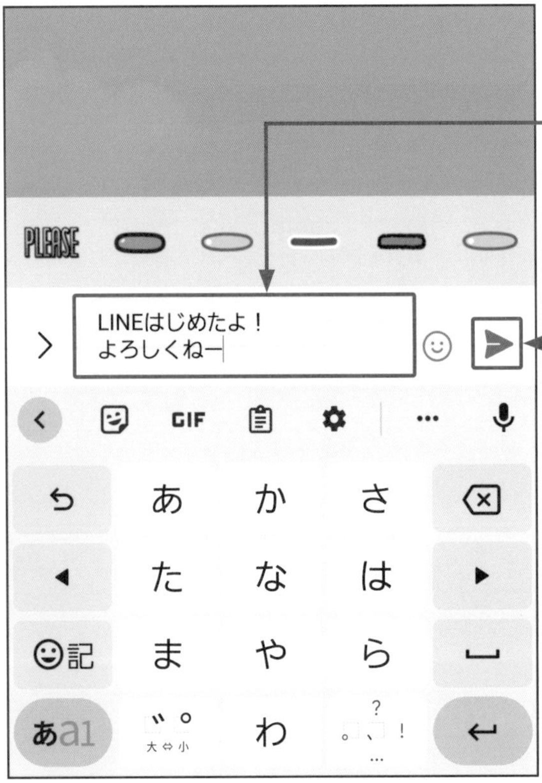

4 メッセージ入力欄をタップして、メッセージを入力します。

5 をタップします。

6 メッセージが送信されます。

◎ スタンプを送信する

1 242ページ手順**4**の画面で をタップします。

2 使いたいスタンプアイコン（ここでは ）をタップします。

ポイント

絵文字が表示される場合は をタップします。

3 送りたいスタンプをタップします。

4 をタップします。

ポイント

カテゴリ（#）や使用履歴（ ）からもスタンプを選べます。

終わり

Section 48

グループに参加する

キーワード LINE・グループ・グループトーク

◎グループとは

グループでトークをすると、所属するメンバー全員にメッセージを送ることができます。グループに所属するには、すでに所属している友だちに招待してもらう必要がありますが、友だちがグループを作成する際に、「友だちをグループに自動で追加」にチェックを付けた場合は、招待と同時に自動で追加されます。

友だちがあなたをグループに招待すると通知が届きます。

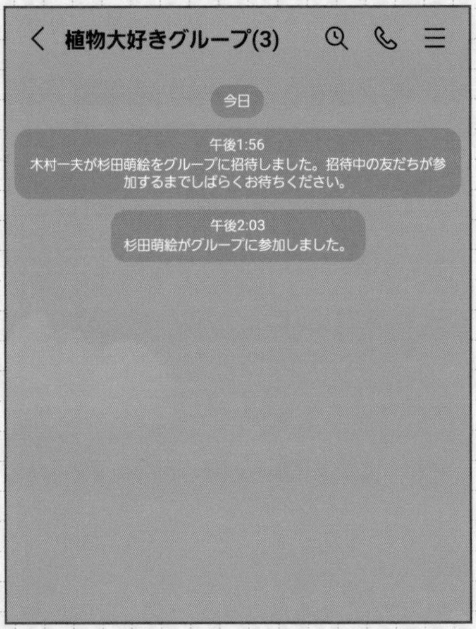

グループ参加前のやり取りを見ることはできません。

第9章 LINEを利用する

招待されたグループに参加する

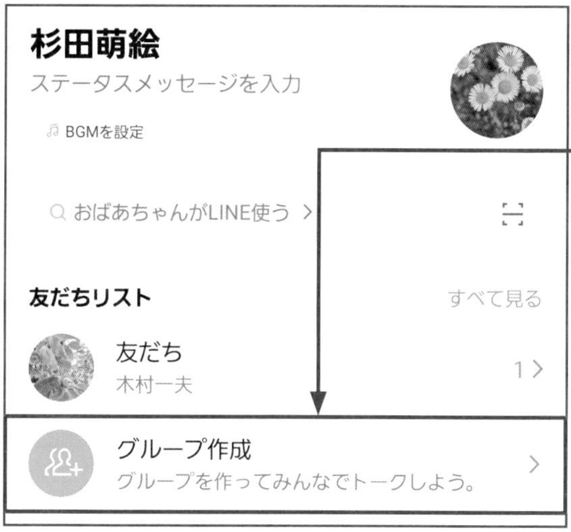

1 233ページの方法でホーム画面を表示し、グループ作成 をタップします。

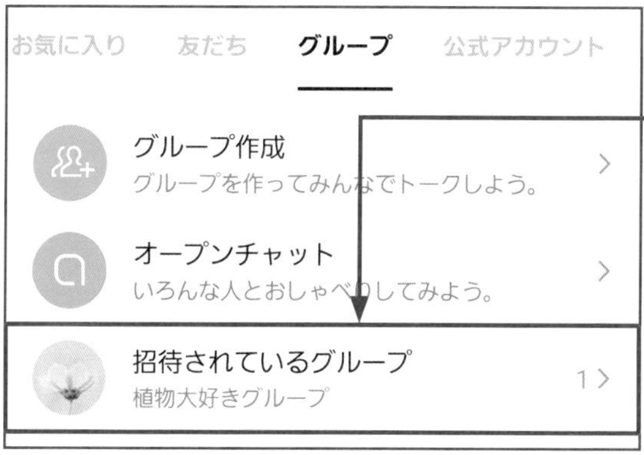

2 招待されているグループ をタップします。

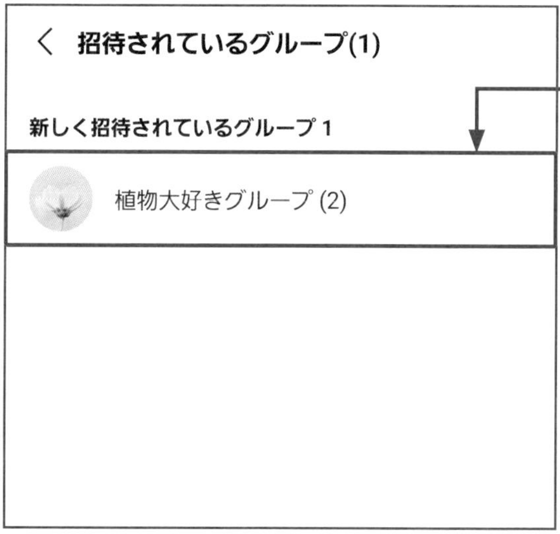

3 参加したいグループをタップします。

ポイント

グループに招待されると、スマートフォンやLINEの通知にお知らせが表示されます。

次へ

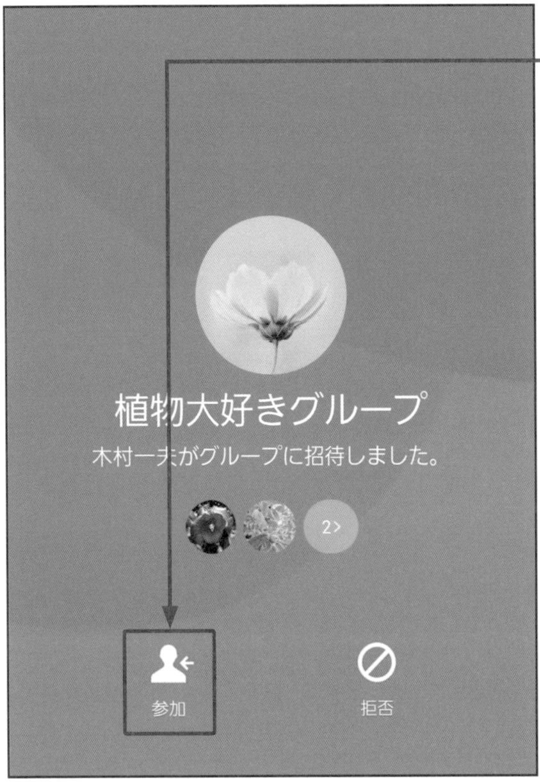

4 参加 をタップします。

ポイント

友だちが「友だちをグループに自動で追加」にチェックを付けてグループを作成した場合は、招待された際に参加可否を選択することはできません。自動的にグループに追加されます。

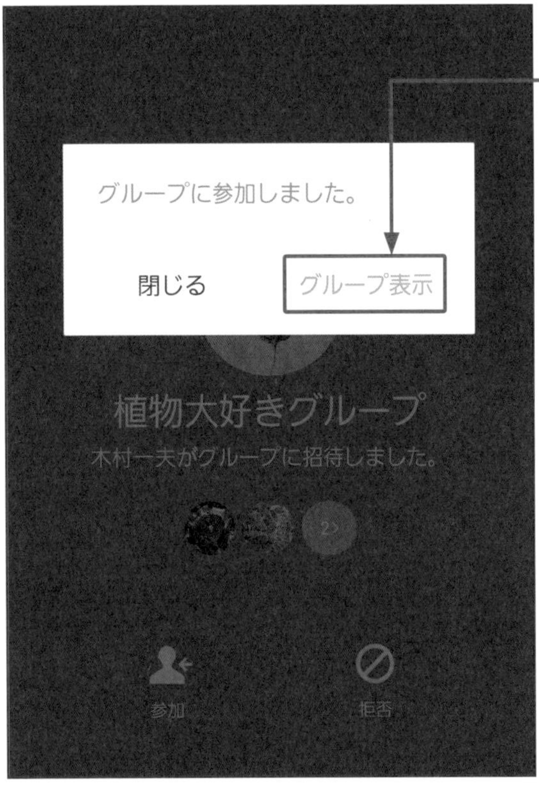

5 グループ表示 をタップします。

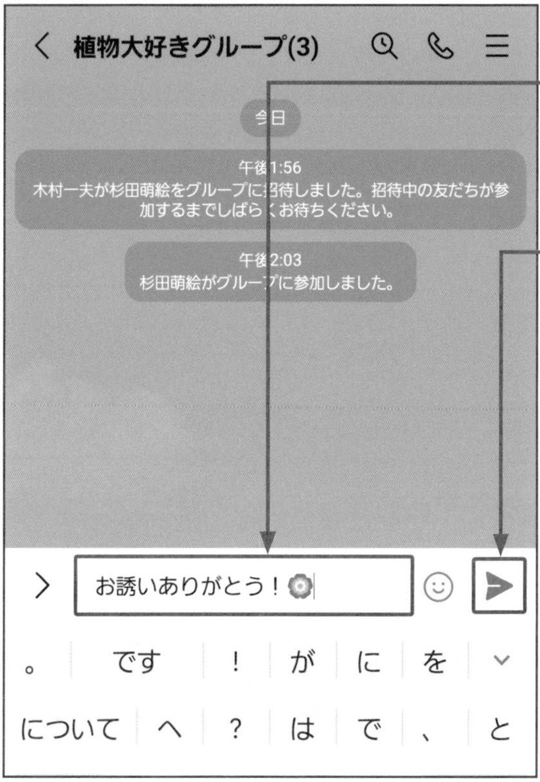
植物大好きグループ(3)
今日
午後1:56
木村一夫が杉田萌絵をグループに招待しました。招待中の友だちが参加するまでしばらくお待ちください。
午後2:03
杉田萌絵がグループに参加しました。
お誘いありがとう！
。
です
！
が
に
を
について
へ
？
は
で
、
と

6 メッセージを入力します。

7 をタップします。

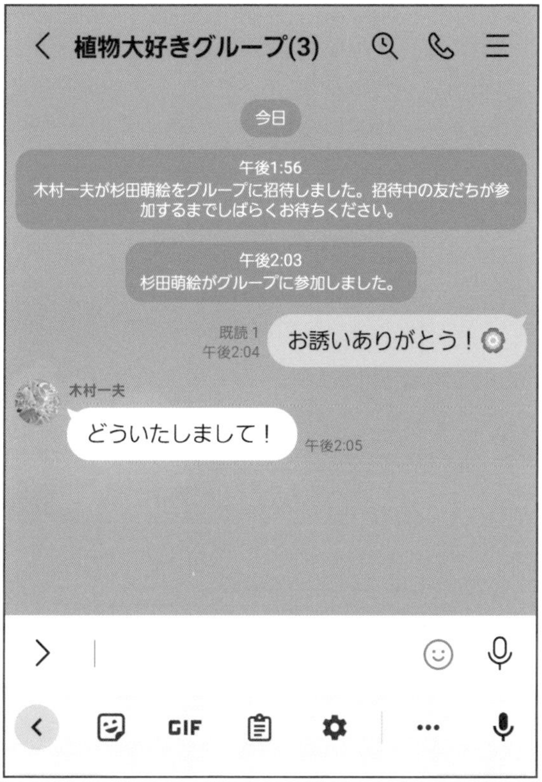
植物大好きグループ(3)
今日
午後1:56
木村一夫が杉田萌絵をグループに招待しました。招待中の友だちが参加するまでしばらくお待ちください。
午後2:03
杉田萌絵がグループに参加しました。
既読 1
午後2:04
お誘いありがとう！
木村一夫
どういたしまして！
午後2:05
GIF

8 グループにメッセージが送信されます。

ポイント

グループメンバーがあなたのメッセージを読むと「既読」と読んだ人数が表示されます。

終わり

Section 49

写真を送る

キーワード　写真の送信・写真の保存・ファイル

◎LINEで送ることができるもの

LINEのトークでは、スマートフォンで撮影した写真や動画を送ることができます。そのほかにもPDFやOfficeファイル、現在地の情報、ボイスメッセージなどを送ることも可能です。送信した写真やファイルには保存期間があり、その期間を過ぎると閲覧・保存できなくなります。

トークルームで＋をタップすると送信メニューが表示されます。

写真やファイルは一定期間を過ぎると、利用できなくなります。

◎ 写真を送信する

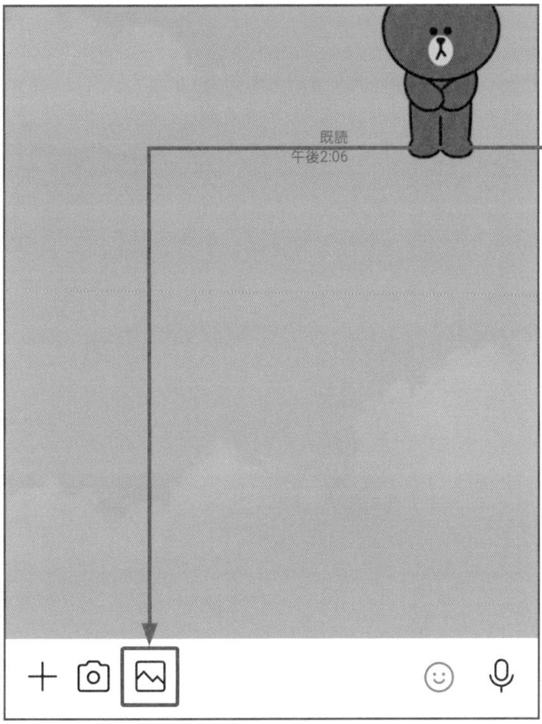

1 241ページの方法などでトークルームを表示し、をタップします。

ポイント

アイコンが表示されていない場合は、をタップします。また、をタップすると、その場で撮影した写真を送信することができます。

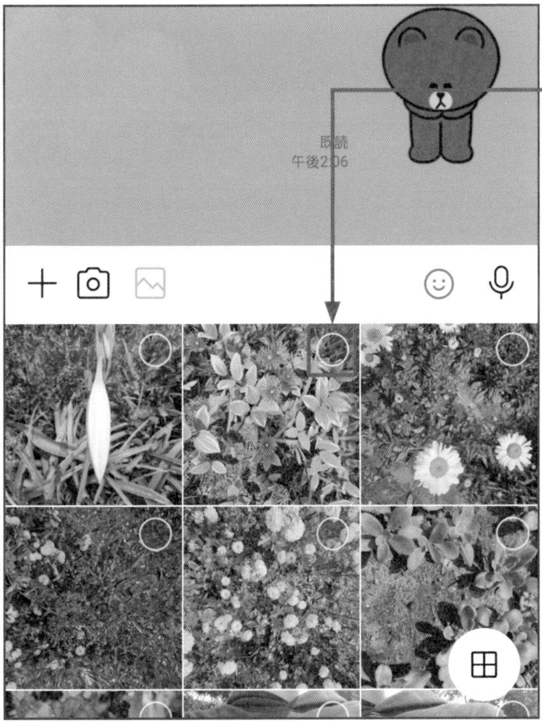

2 送りたい写真の丸印をタップします。

ポイント

送りたい写真が複数ある場合は、すべての写真の丸印をタップすると、一度に50枚まで送信可能です。

次へ

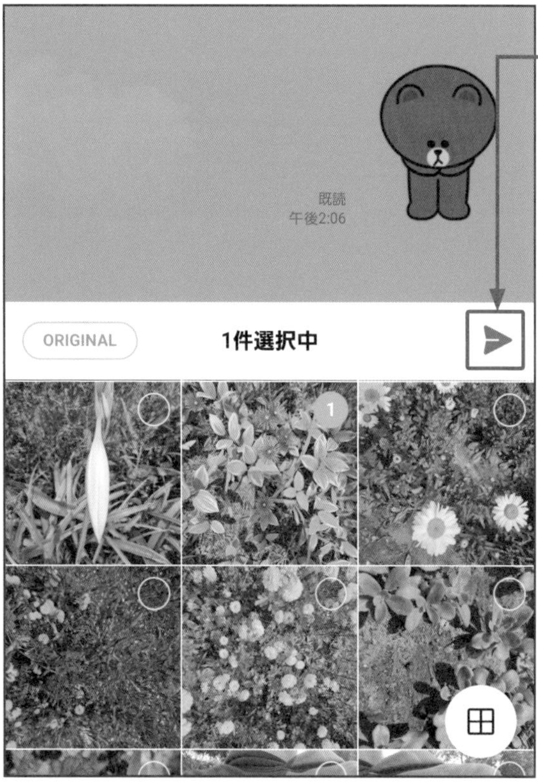

3 をタップします。

4 写真が送信されます。

ポイント

同様の手順で動画を送信することもできます。そのほかのファイルは＋→ファイルの順にタップして選択／送信します。

◎ 送られてきた写真を保存する

1 241ページの方法などでトークルームを表示し、友だちから送られてきた写真を**タップ**します。

2 をタップすると写真がスマートフォンに保存されます。

ポイント

保存した写真は「フォト」アプリなどで閲覧できます（Sec.37参照）。

終わり

Section 50

無料通話を利用する

キーワード 無料通話・音声通話・設定

◎通話設定を確認する

LINEの無料通話では、データ通信を利用した無料の音声通話を楽しめます。着信拒否をしたいときや、着信音を変更したいときなどは、設定を変更することも可能です。

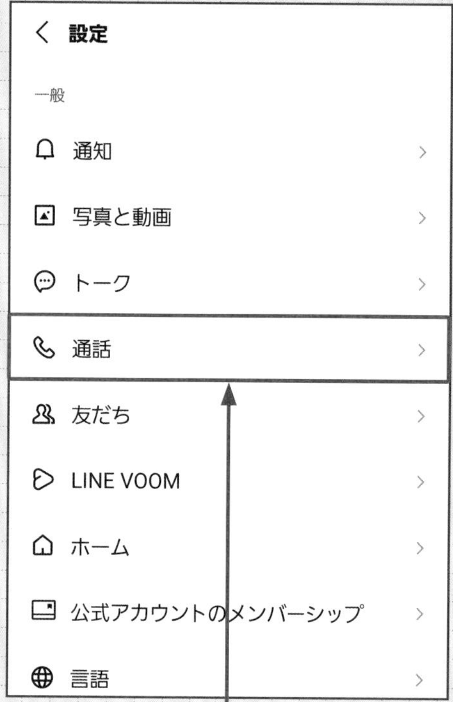

「ホーム」画面で→通話の順にタップすると「通話」の設定画面が表示されます。

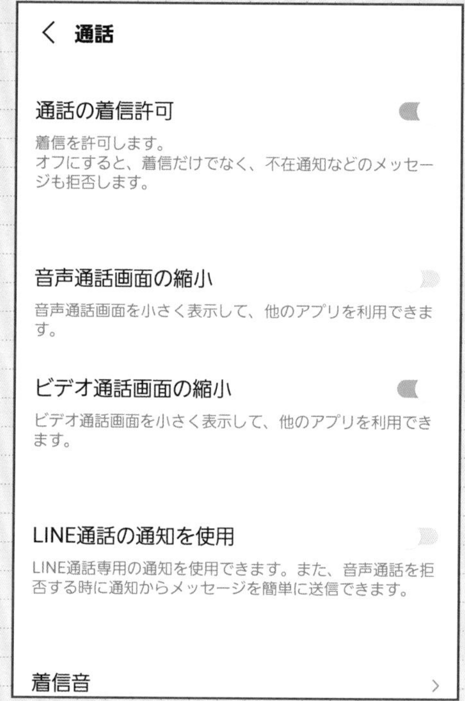

「通話」の設定画面では着信音などの確認／変更ができます。

◎ 無料通話をする

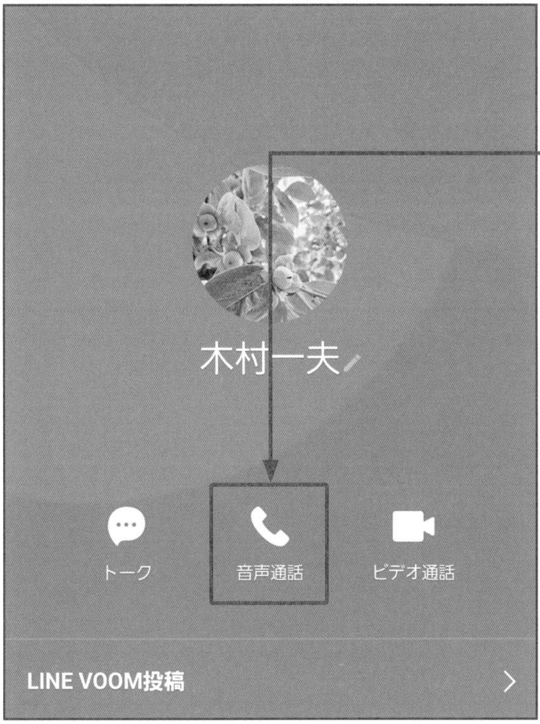

1 241ページの方法で友だち詳細画面を表示し、音声通話 → 開始 の順にタップします。

ポイント

トークルームで画面上部の→の順にタップすることでも通話ができます。

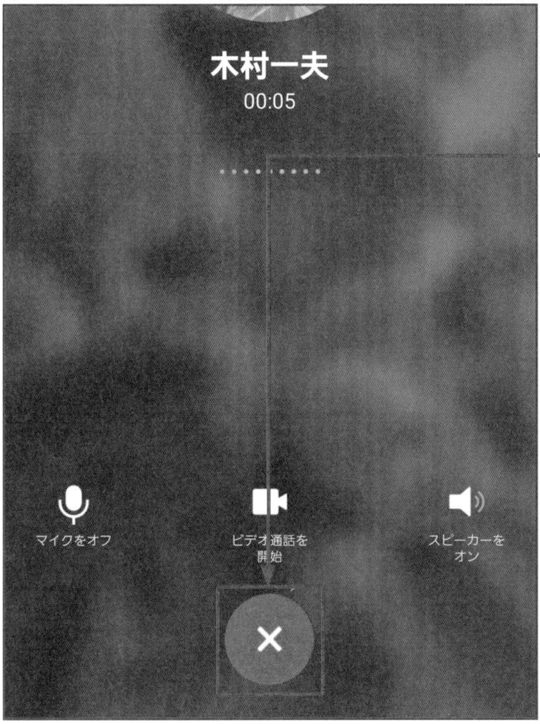

2 友だちが応答すると通話が始まります。× をタップすると、通話が終了します。

次へ

◎ 無料通話の着信に応答する

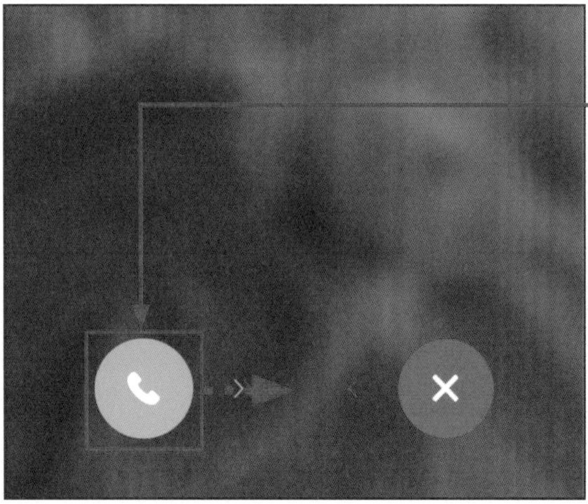

1 を右方向にスワイプします。

2 無料通話が開始されます。

ポイント

通話時間や不在着信などの着信情報は、トークルームから確認することができます。

コラム　スマートフォンの利用中に無料通話の着信に応答する

スマートフォンの利用中に無料通話の着信があった場合は、通常の電話と同様にポップアップ通知（60ページ参照）が表示されます。応答をタップして応答します。

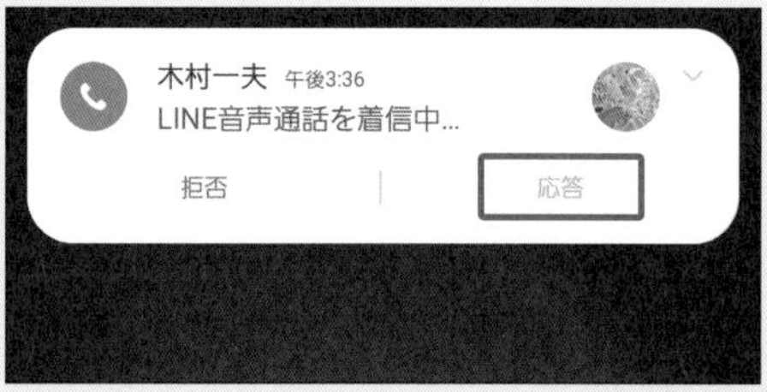

終わり

お悩み解決 Q&A 10

この章でできること

- 「設定」アプリを活用する
- ソフトウェアの更新方法を知る
- スクリーンショットをする
- 初期化の方法を知る
- 緊急通報機能を活用する

Question 01

自分の電話番号はどこで確認するの？

「設定」アプリを利用する

自分の電話番号は、「設定」アプリの「端末情報」から確認することができます。また、連絡先機能のアプリに自分のプロフィールがある場合は、そこで確認できます（116ページ参照）。

1 79ページの方法で「設定」アプリを起動し、

をタップします。

ポイント

端末によって、メニューの表記は異なります。

2 自分の電話番号を確認できます。

ポイント

「設定」アプリの上部で自分の電話番号を確認できる場合もあります。

Question 02

画面が暗くなった!

◎ 表示の設定でダークテーマを変更する

画面全体が黒を基調とした画面になっている場合は、ダークテーマが設定されている可能性があります。白を基調としたライトテーマへの切り替えは「設定」アプリで行います。

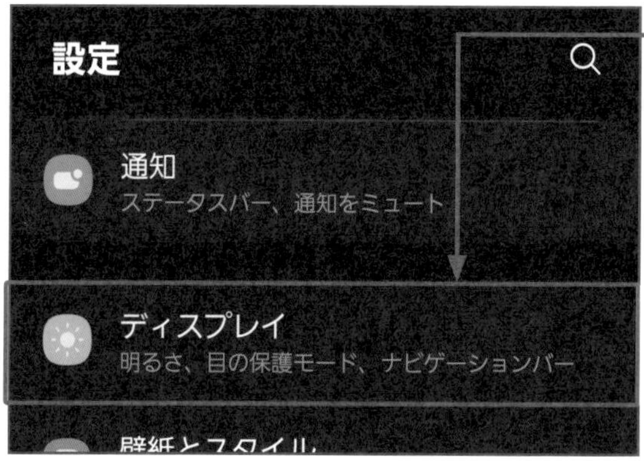

1 79ページの方法で「設定」アプリを起動し、ディスプレイ 明るさ、目の保護モード、ナビゲーションバー をタップします。

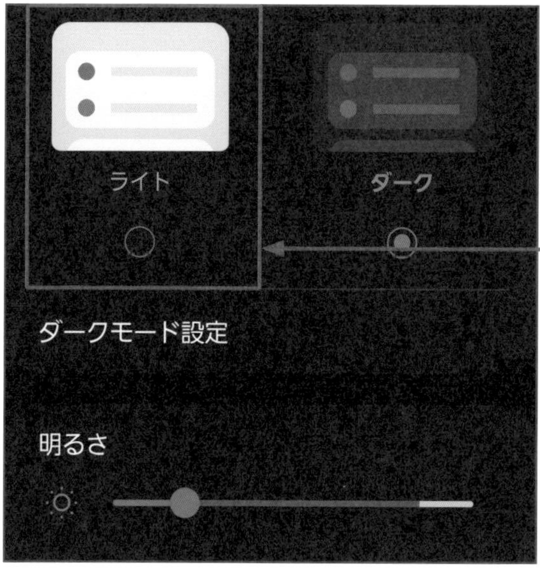

2 ライト をタップするとライトテーマに切り替わります。

ポイント

「明るさ」の●を左右にドラッグすると、画面の明るさを調整できます。

Question 03

設定や機能をかんたんに切り替えられないの?

◎ クイック設定パネルを利用する

Bluetoothや自動回転、ライトなどの設定や機能は、クイック設定パネルのボタンからかんたんに切り替えることができます。

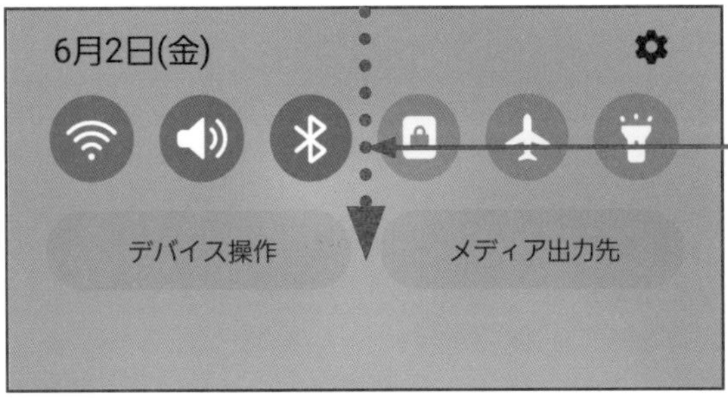

1 56ページの方法で通知パネルを表示し、さらに画面上部を下方向に**ドラッグ**します。

2 クイック設定パネルが表示されます。ボタンを**タップ**すると、オン/オフがすばやく切り替えられます。

◎ 新しいクイック設定パネルを利用する

❶左右にドラッグすることで画面の明るさを変更することができます。
❷タイルが表示されます。タップするとオン／オフが切り替わります。
❸タップすると、編集画面が表示されます。タイルを長押ししてドラッグすると、並べ替えられます。
❹「設定」アプリを起動します。
❺電源をオフにしたり再起動したりすることができます。

コラム　クイック設定パネルのデザインについて

本書のクイック設定パネルの解説は、従来のパネルを利用していますが、Xperiaシリーズなどでは、上の画面のようにAndroid 12から、クイック設定パネルの表示が大幅に変更されました。複数の新しいショートカットの追加や、デザインの変更などがあり、クイック設定パネルから電源をオフにしたり再起動したりできるようになりました。

Question 04

ホーム画面がごちゃごちゃしてるんだけど?

フォルダを作成する

ホーム画面がアプリアイコンでいっぱいになってしまったときは、アプリアイコンをフォルダにまとめると、ホーム画面が見やすくなります。

1 アプリアイコンを**ロングタッチ**し、まとめたいアプリまで**ドラッグ**します。

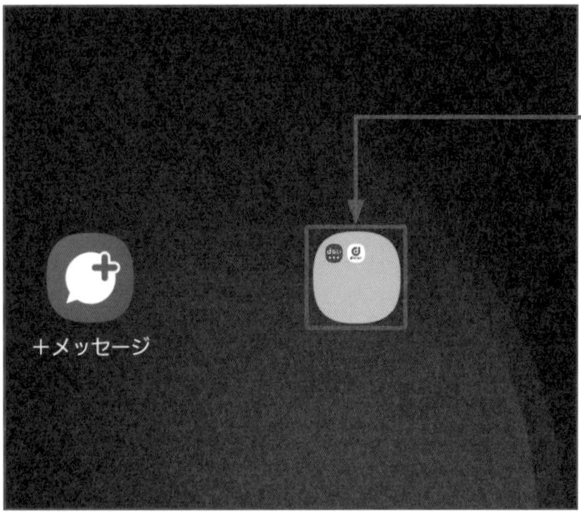

2 アプリアイコンが1つのフォルダにまとめられます。

ポイント

フォルダ名は、フォルダをタップしてフォルダを開き、表示されたフォルダ名をタップすると変更できます。

Question 05

文字が小さくて見えないんだけど？

文字サイズを変更する

メッセージや連絡先など、文字が小さくて見えないときは、「設定」アプリからフォントサイズを変更できます。

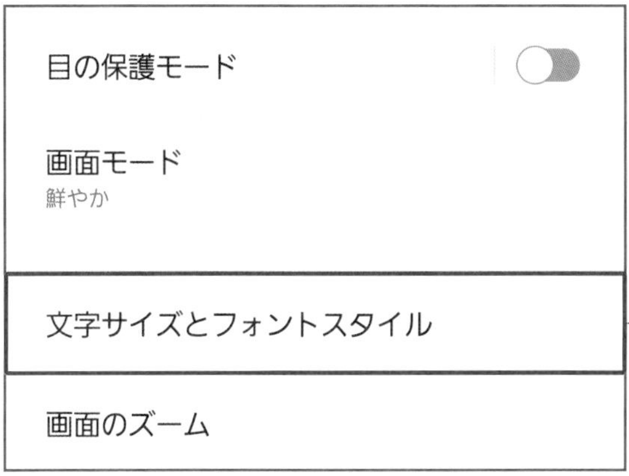

1 257ページの方法で「設定」アプリの「ディスプレイ」を表示し、文字サイズとフォントスタイルを**タップ**します。

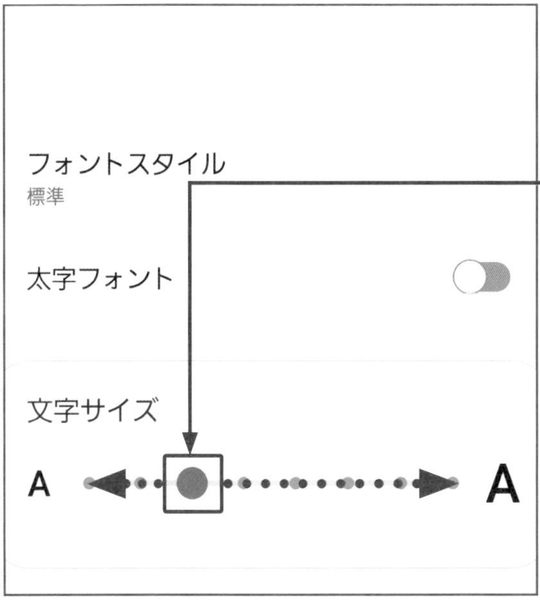

2 「文字サイズ」のを左右に**ドラッグ**すると、文字サイズ（フォントサイズ）や表示サイズを調整できます。

Question 06 ソフトウェアの更新はしたほうがいいの?

システムアップデートを確認する

ソフトウェアのアップデートは、機能の追加や不具合、セキュリティの改善などを目的として実施されます。標準ではアップデートがある場合、通知が表示されますが、自分で確認することもできます。

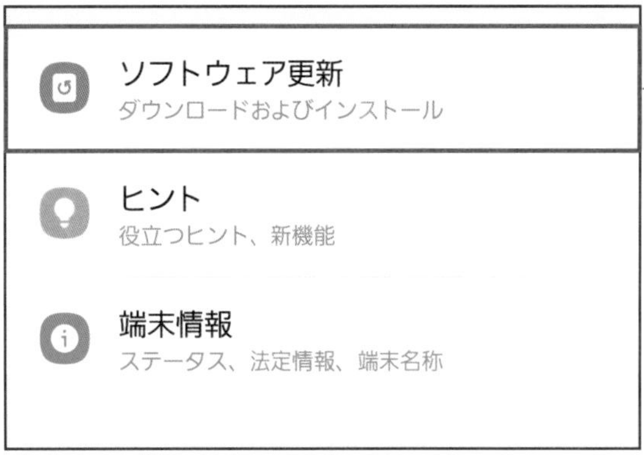

1 79ページの方法で「設定」アプリを起動し、ソフトウェア更新 ダウンロードおよびインストール をタップします。

2 更新の確認が行われます。アップデートが必要な場合は、画面の指示に従って更新します。

Question 07

画面を画像として保存したいんだけど？

◎ スクリーンショットで保存する

Webページ閲覧中などに、見ている画面を画像として保存したい場合は、スクリーンショットを利用すると便利です。

1 音量キーの下側と電源キーを同時に押すと、スクリーンショットが撮影できます。

ポイント

スクリーンショットの撮影方法は、機種によって異なる場合があります。

ポイント

撮影したスクリーンショット画像は、「フォト」アプリから見ることができます。

Question 08 ahamo、povo、LINEMOってどんなサービス？

◎ 最新の格安プランです

ahamo、povo、LINEMOは、それぞれドコモ、au、ソフトバンクが発表した最新の格安プランです。契約は基本的にオンラインのみです。

	ahamo	povo	LINEMO
月額料金	2,970円	2,700円	2,728円
データ量	20GB	20GB	20GB
ネットワーク	5G／4G	5G／4G	5G／4G
端末販売	○	×（対応端末は「https://povo.jp/product/」参照）	×（対応端末は「https://www.linemo.jp/device/support_list/」参照）
eSIM	○	○	○
携帯電話会社のメール	○	○	○
SMS	○	○	○
国内通話	5分以内の通話無料	30秒あたり22円	30秒あたり22円
申し込み方法	Web（https://ahamo.com/）	Web（https://povo.jp/）	Web（https://www.linemo.jp/）
そのほかの特徴	ドコモショップで有料サポートが受けられる（3,300円）	使い方にあわせて通話やデータのトッピングができる	LINEギガフリー（LINEのトークや通話ではデータ消費しない）

※2023年7月現在

Question 09

eSIMって何?

◎ スマートフォンに内蔵されているSIMです

SIMといえば、18ページで紹介したようなカード型のスマートフォンに挿入するタイプのものが一般的です。一方、「eSIM」はスマートフォンにあらかじめ部品として組み込まれているため、契約後に抜き差しをする必要がありません。eSIMは、通信事業者が提供するアプリやWebサイトから契約でき、手続きが完了するとその場ですぐに通信が使えるようになります。また、デュアルSIMに対応した端末であれば、通常のSIMでのメイン通信に加えてeSIMをサブ通信としてあわせて利用できるため、1台のスマートフォンで2つの電話番号を使い分けることもできます。

デュアルSIMに対応した端末で2つの回線が利用できる場合は、ステータスバーにデータ通信状態のステータスアイコンが2つ表示されます（55ページ参照）。

Question 10 スマートフォンの動作が不安定なときはどうすればいいの?

◎ 初期化する

スマートフォンの動作が不安定なときや、保存されているデータを完全に削除したいときは、スマートフォンを初期化しましょう。

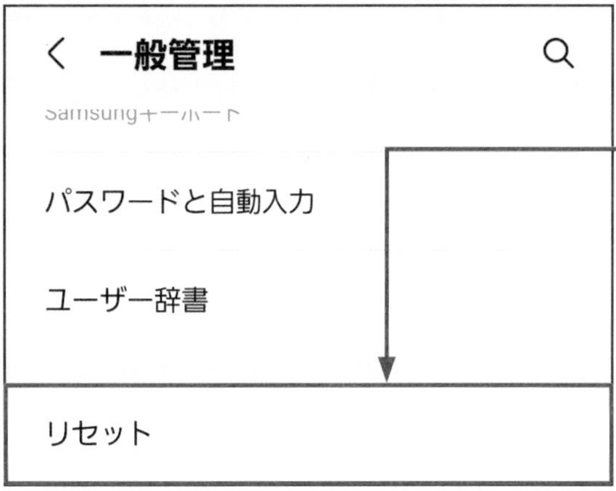

1 79ページの方法で「設定」アプリを起動し、一般管理（言語とキーボード、日付と時刻）→リセットの順にタップします。

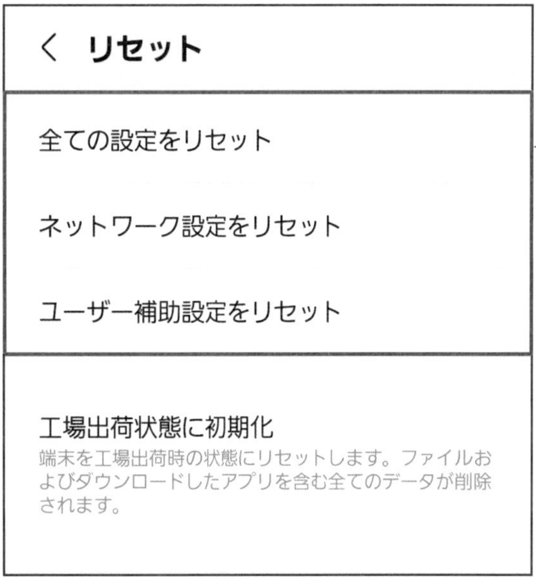

2 初期化したい設定をタップし、画面の指示に従って初期化します。

ポイント

「工場出荷状態に初期化」では、すべての設定とデータが消去されます。

Question 11

アイコンの右上に表示されるドットは何?

通知があることを知らせるための丸いアイコンです

確認していないアプリの通知があると、61ページで紹介したように、アプリアイコンの右上に丸いドットや数字が表示されることがあります。表示させたくない場合は、「設定」アプリから変更できます。

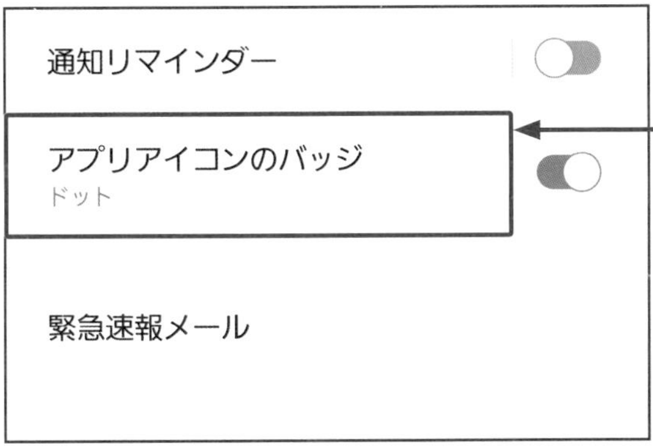

1 79ページの方法で「設定」アプリを起動し、[通知 ステータスバー、通知をミュート]→[詳細設定]→[アプリアイコンのバッジ ドット]の順にタップします。

2 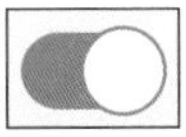をタップして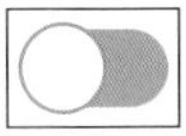にします。

ポイント

[件数]または[ドット]をタップして選択すると、バッジスタイルを変更することができます。

Question 12 緊急通報をしたい!

◎ 緊急通報機能を設定する

Androidスマートフォンには、ロックがかかった状態でも電源キーをすばやく5回以上押すことで119番や110番などに緊急通報することができる機能が備わっています。

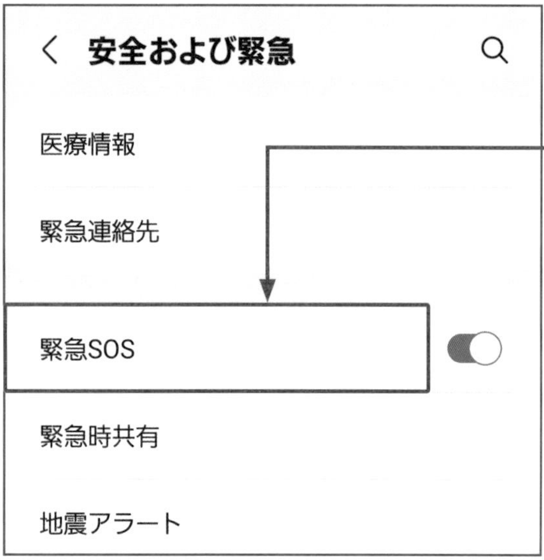

1 79ページの方法で「設定」アプリを起動し、[安全および緊急 医療情報、緊急速報メール] → [緊急SOS] の順にタップします。

ポイント

「医療情報」では、「住所」「アレルギー」などの個人情報を登録でき、緊急時には誰でも確認可能です。

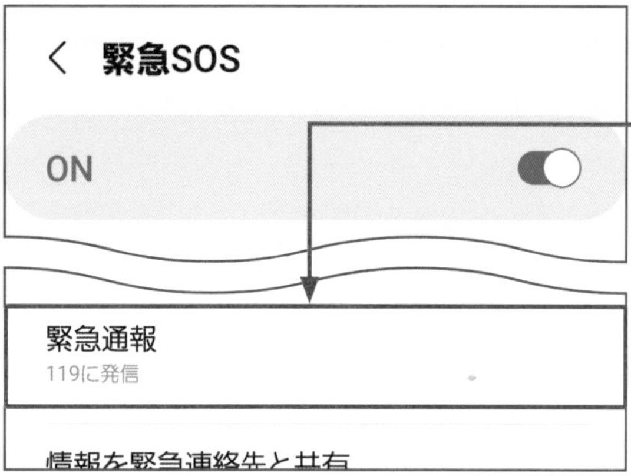

2 デフォルトではオンに設定されています。[緊急通報 119に発信] をタップすると、通報先を変更できます。

付録

携帯電話会社のサービスやメールを利用する

この章でできること

- ドコモのサービスを知る
- auのサービスを知る
- ソフトバンクのサービスを知る

Section 01

ドコモのサービス

キーワード ドコモ・dアカウント・ドコモメール

ドコモで利用できるサービス

NTT ドコモでは、便利な機能やサービス、さまざまなアプリなどを提供しています。用途に合わせて、ドコモのサービスやアプリを活用してみましょう。

d払い

dマーケット

dメニュー

d Wi-Fi

◎ サービスを利用するために必要なもの

ドコモのサービスを利用するためには、「dアカウント」の取得が必要です。dアカウントとは、NTT ドコモが提供しているさまざまなサービスを利用するためのIDで、dアカウントを発行することで、ドコモの各種サービスを利用できるようになります。また、dアカウントがあれば、店舗での買い物やネットショッピングでdポイントをためたり、使ったりすることができます。さまざまなサービスを使えば使うほど、どんどんポイントがたまり、幅広い利用サービスでお得になります。

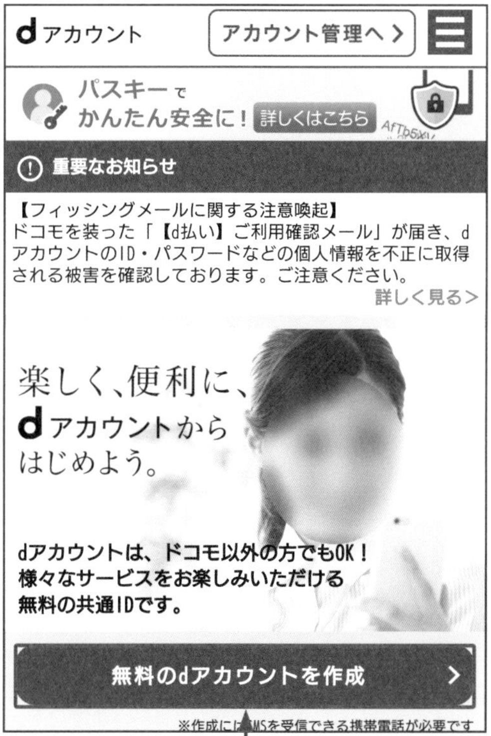
dアカウント
アカウント管理へ >
パスキーで
かんたん安全に！ 詳しくはこちら
重要なお知らせ
【フィッシングメールに関する注意喚起】
ドコモを装った「【d払い】ご利用確認メール」が届き、dアカウントのID・パスワードなどの個人情報を不正に取得される被害を確認しております。ご注意ください。
詳しく見る>
楽しく、便利に、
dアカウントから
はじめよう。
dアカウントは、ドコモ以外の方でもOK！
様々なサービスをお楽しみいただける
無料の共通IDです。
無料のdアカウントを作成
※作成にはSMSを受信できる携帯電話が必要です

dアカウントポータルサイトにアクセスし、dアカウントを発行します。

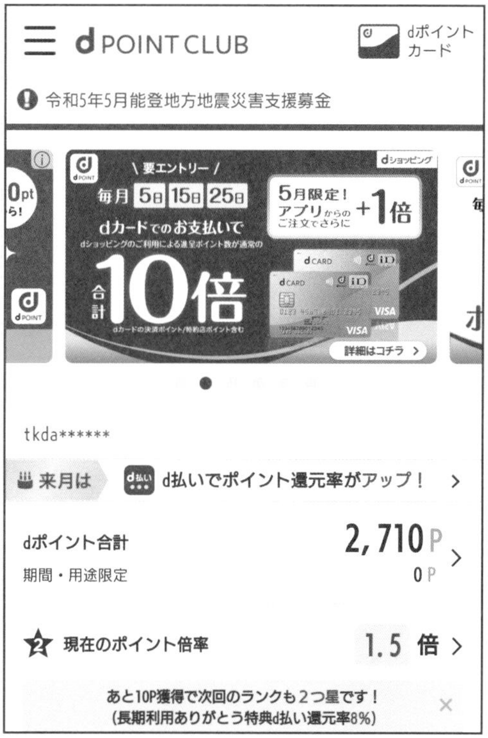
d POINT CLUB
dポイントカード
令和5年5月能登地方地震災害支援募金
要エントリー
毎月 5日 15日 25日
dカードでのお支払いで
5月限定！ アプリからのご注文でさらに +1倍
合計10倍
詳細はコチラ >
tkda******
来月は
d払いでポイント還元率がアップ！
dポイント合計 2,710P
期間・用途限定 0P
現在のポイント倍率 1.5 倍
あと10P獲得で次回のランクも2つ星です！
(長期利用ありがとう特典d払い還元率8%)

dポイントをためたり使ったりすることができます。

次へ

◎ドコモメールを利用するには

ドコモメール（@docomo.ne.jp）の利用は、ＮＴＴドコモの契約回線が必要ですが、解約後も有料で使用することができます（Sec.27参照）。ドコモが販売するスマートフォンでは、専用の「ドコモメール」アプリから利用します。また、ドコモの回線契約があり、dアカウントを取得済みであれば、ほかのメールアプリやスマートフォンからも利用できます。

●Step1　dアカウントの準備

ドコモメールを利用するためには、dアカウントが必要です。dアカウントを持っていない場合は、dアカウントポータルサイト（https://id.smt.docomo.ne.jp）から、新規にdアカウントを発行する必要があります。

●Step2　dアカウント利用設定を有効にする

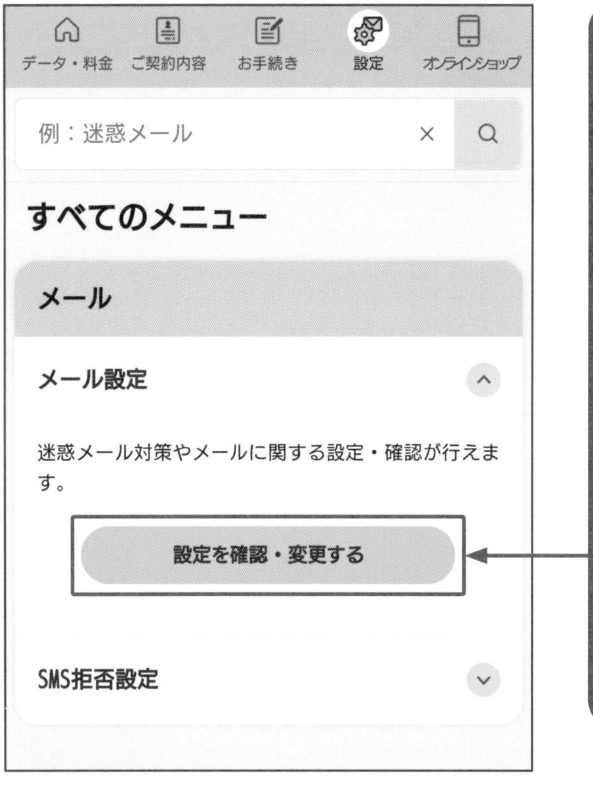

「My docomo」アプリを起動し、

→

→

の順にタップして、「メール設定確認」の項目からdアカウントの利用設定を有効にします。「利用しない」の設定になっていると、ドコモメールアプリ以外のメールソフト（IMAP対応）では利用できません。

● Step3　メールアプリの設定

ドコモの機種では、「ドコモメール」アプリから利用します。

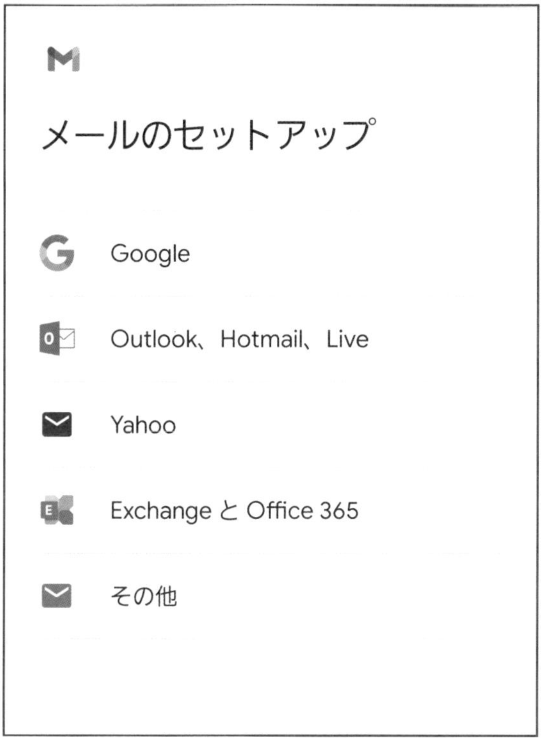
M
メールのセットアップ
Google
Outlook、Hotmail、Live
Yahoo
Exchange と Office 365
その他

「Gmail」アプリなど、IMAPに対応しているメールアプリであれば、ドコモメールが利用できます。なお、利用する環境によって、利用条件や設定方法が異なります。詳細は「https://www.docomo.ne.jp/service/docomo_mail/other/」でご確認ください。

コラム　ドコモメールをWebブラウザで利用する

ドコモメールは、Webブラウザからでも利用ができます。スマートフォンが手元にない場合や、メールアプリがない環境でも手軽に利用できるので便利です。

https://mail.smt.docomo.ne.jp/

ドコモメール（ブラウザ版）
ブラウザ版でできること
自動振分設定
保護・解除
ドコモメール（@docomo.ne.jp）をパソコン/タブレットのブラウザ版からご利用いただけます。
スマートフォンのメールアプリでのお困りごとを解決！！
★ご利用条件について
下記の方はドコモメール（ブラウザ版）をご利用いただけません。
・ahamo契約でドコモメールをご利用されている方
・ドコモの回線契約無しでドコモメールをご利用されている方
★初回利用時はスマートフォンが必要です
ログイン時に「2段階認証」が適用されます。お手元にご利用のスマートフォンをご用意ください。
詳しくはこちら ▶
モバイル版ログイン
PC版ログイン
お知らせ

終わり

Section 02

auのサービス

キーワード au・au ID・auメール

auで利用できるサービス

auは、スマートフォンユーザー向けに「auスマートパスプレミアム」を提供しています。
auスマートパスプレミアムでは、便利で楽しい情報を見ることができるほか、Webコンテンツ、コンビニやファストフード、全国の飲食店で利用できるクーポンなどのサービスが利用できます。また、500種類以上のアプリが使い放題になるため、有料アプリも気軽に試すことができます。
なお、「auスマートパスプレミアム」は月額548円(税込)の有料サービスで、auユーザーでなくてもau IDがあれば加入することができます。

	サービス内容
アプリ/Webアプリ	アプリ、Webコンテンツが利用できます。
会員特典	auスマートパスプレミアム会員限定のクーポンなどのお得な情報を入手できます。
あんしんサービス	「ウイルスバスター for au」などを利用できます。

コラム auスマートパスプレミアムで利用できるアプリ

auスマートパスプレミアムに加入すると、auスマートパスプレミアム会員限定に定期的に配布されるクーポンを使って、最大30%オフでお得に宿泊予約できる「Relux」アプリや、セキュリティ対策を無料でしてくれる「ウイルスバスター for au」などのお得なサービスが利用できます。

◎ サービスを利用するために必要なもの

auのサービスを利用するためには、「au ID」の取得が必要です。
au IDとは、auのサービスやコンテンツ・アプリを便利に利用するためのIDです。au IDの登録をしておくと、「My au」で利用料金を確認したり、サービスの申し込みをしたりできるほか、「auかんたん決済」や「auスマートパスプレミアム」を利用することができます。

● My au

契約内容の確認や手続きなどができます。

● auスマートパスプレミアム

さまざまなコンテンツやサービスが利用できます。

次へ

◎ auメールを利用するには

auメール(@au.com)を利用するためには、auの回線契約とau IDが必要ですが、解約後も有料で使用することができます(Sec.27参照)。auメールの利用方法は、下記の流れを参考にしてください。

●Step1　au IDを取得する

auメールを利用するには、au IDが必要です。au IDの公式ホームページ(https://id.auone.jp)にアクセスして、au IDの新規登録を行います。

●Step2　auメールのアドレスを設定する

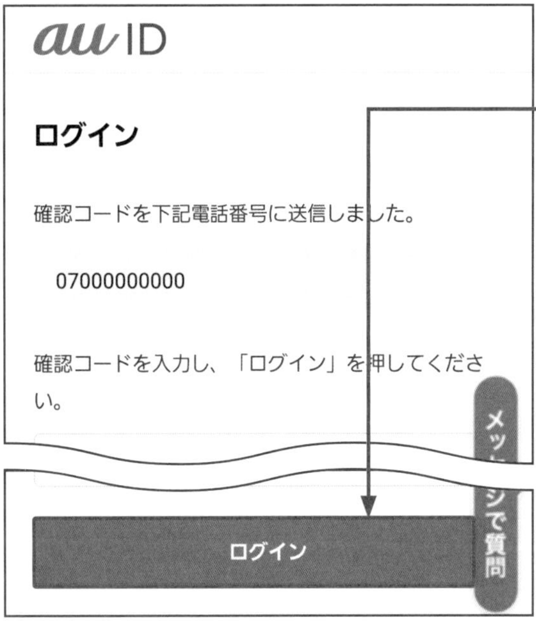

auの回線でau IDにログインし、画面の指示に従ってメールの設定を行います。

● Step3　メールアプリの設定

作成
検索
メールボックス
受信
送信
未送信
90日以前の受信メール
ゴミ箱

auメールは、基本的にauの販売するスマートフォンにインストールされている「auメール」アプリから利用します。

コラム　auメールをWebブラウザで利用する

auメールは、パソコンやタブレットなどのWebブラウザから、「au ID」でログインすることで利用できるようになります。

ログイン：Webメール
パソコン／タブレットから
auメール（@au.com／@ezweb.ne.jp）をパソコン／タブレットのブラウザからご利用いただけます。
誰でも使える
auケータイをご利用のお客さまも、スマートフォンをご利用のお客さまも、au IDを設定していればどなたでもご利用いただけます。
auスマートパス／auスマートパスプレミアムで大容量に
auスマートパス／auスマートパスプレミアムにご加入のお客さまは、メールサーバの保存容量が最大1GB／2万件に拡張されます。
※ auスマートパス／auスマートパスプレミアムに未加入のお客さまは400MB／5,000件となります。
（auスマートパスプレミアムに加入される場合はこちら）
※ auスマ トパスは2020年10月1日をもちまして、新規加入受付を終了しました。
Webメールサービス概要
ログインする

https://www.au.com/mobile/service/mail/webmail/login/

Section 03

ソフトバンクのサービス

キーワード ソフトバンク・My SoftBank・ソフトバンクメール

ソフトバンクで利用できるサービス

My SoftBankに登録すると、利用状況の確認やソフトバンクが提供するさまざまなサービスを受けることができます。

とく放題

アニメ放題

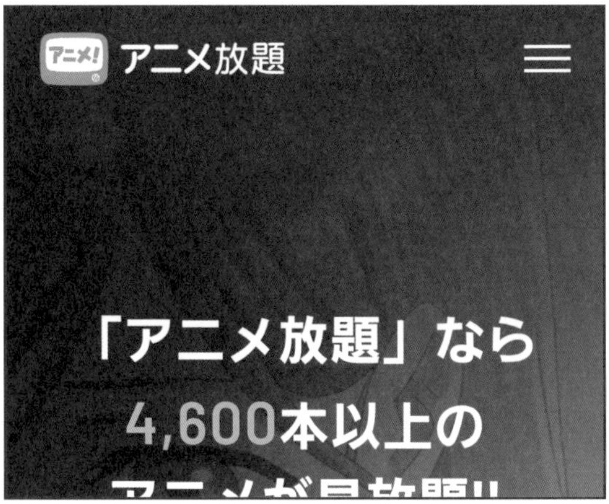

あんしんフィルター

迷惑電話ブロック

◎ サービスを利用するために必要なもの

ソフトバンクのサービスを利用するためには、ソフトバンクの回線契約と、「My SoftBank」への会員登録が必要です。My SoftBankでは、契約内容の確認や各種手続きが行えます。

My SoftBankにアクセスし、My SoftBank にログインをタップします。

契約内容の確認や手続きなどができます。

次へ

◎ソフトバンクメールを利用するには

ソフトバンクメール「S!メール」(@softbank.ne.jp)を利用したい場合は、ソフトバンクの回線契約と、利用の申し込みが必要ですが、解約後も有料で使用することができます(Sec.27参照)。ソフトバンクメールの利用方法は、下記の流れを参考にしてください。

●Step1　回線契約する

ソフトバンクメールを利用したい場合は、ソフトバンクの回線契約が必要です。

●Step2　「SoftBankメール」アプリをインストールする

ソフトバンクが販売するほとんどの機種では、専用のメールアプリ「SoftBankメール」がインストール済みです。インストールされていない場合は、「Play ストア」からインストールすることができます。

● Step3　利用を開始する

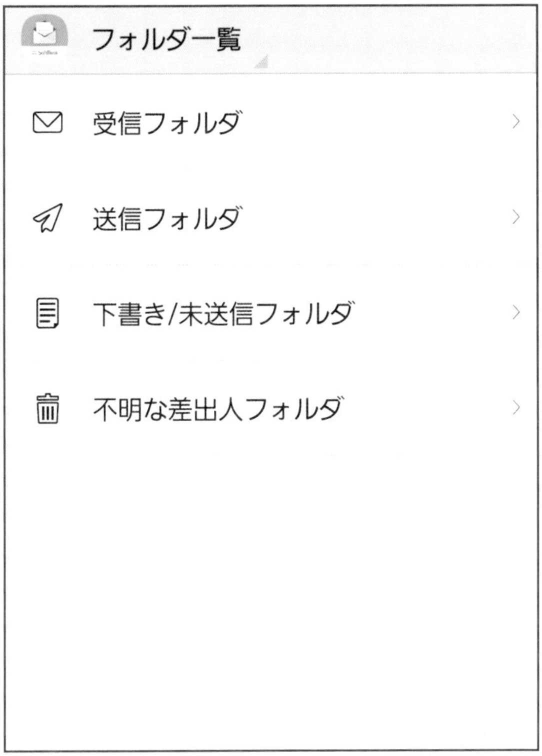

「SoftBankメール」アプリを起動すると、メールが利用できるようになります。

コラム　S!メールをWebブラウザで利用する

「S!メール（MMS）どこでもアクセス」（月額330円（税込））に申し込むと、パソコンなどのWebブラウザ経由でソフトバンクのメールを利用することができます。
機種変更をした場合でも、ソフトバンクのサーバーに移行前のメールが保存されているので、過去のメールを読むことができます。

https://www.softbank.jp/mobile/service/multidevicemail/

終わり

用語集

記号・アルファベット

+メッセージ

「+メッセージ」の利用者どうしで、携帯電話番号を宛先にしてテキストや写真、ビデオ、スタンプなどを送受信できるアプリです。

Bluetooth

対応機器の近距離間データ通信に使用する無線通信技術のことです。スマートフォンでは、ワイヤレスイヤホンを利用する際などに、Bluetoothを利用します。

Google Chrome

Googleが提供するインターネットのWebページを閲覧するためのブラウザアプリです。ほとんどのAndroidスマートフォンにインストールされています。

Googleアカウント

アプリのインストールをはじめ、GmailやGoogle Playなど、Googleが提供するサービスを利用するために必要となるアカウントです。Androidスマートフォンでは、Googleアカウントの取得と設定は必須といえます。

Googleフォト

Googleが提供する写真保管サービスです。無料で利用できます。保存した写真は専用アプリ(「フォト」)から閲覧でき、撮影した写真を自動的にバックアップする設定も可能です。

MVNO

通信サービスの基地局や設備を携帯電話会社から借り受けて提供する通信業者です。携帯電話会社と比べ、一般に低料金で利用できます。

Play ストア

Googleが提供するアプリマーケット「Google Play」を利用するためのアプリです。Google Playでは、スマートフォンで使うためのさまざまなアプリを配信しています。有料アプリと無料アプリがあります。

USB

スマートフォンやパソコンなどに外部機器を接続する規格のことです。USBケーブルを用いて端末を接続することによって、充電やデータの転送などができます。USBケーブルのコネクタ形状にはUSB Type-A、マイクロUSB 、USB Type-Cなどがあり、機器に合わせて使い分けます。

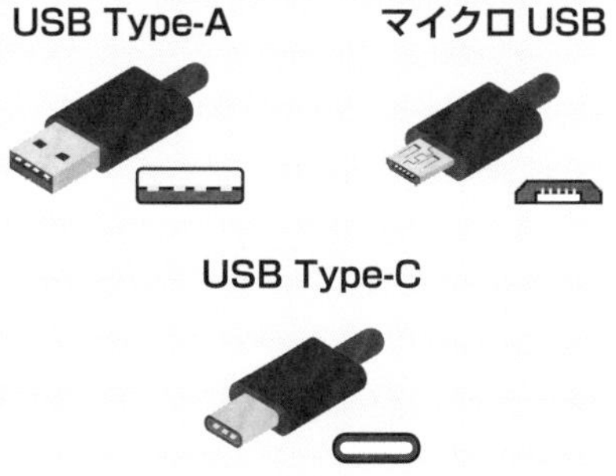

あ行

アイコン

アプリの内容を図でわかりやすく表現したマークです。タップするとアプリが起動します。アイコンをドラッグすると、自分の好きな場所に移動させることができます。

アカウント

さまざまなサービスを利用するための権利のことです。アカウントを取得するためには、利用のためのIDとパスワードを取得・設定する必要があります。

アップデート

スマートフォン本体のOSやアプリなどのプログラムを最新の状態に更新することです。アップデートすることで、新しい機能が追加されたり、不具合などが改善されたりします。

次へ

インストール

スマートフォンにアプリなどを追加することです。アプリを削除することを、アンインストールと呼びます。

か行

解像度

画像やスマートフォンの画面の画素数や密度を表す数値のことです。数値が高いほど、画像や動画であれば高精細になり、画面では表示できる情報が増えます。

クラウド

データをインターネット上に保存するサービスのことです。クラウドに保存しておくことで、インターネットを利用できる機器であれば、いつでもどこからでもそのデータを利用できるようになります。また、クラウドサービスを利用すれば、複数の端末で同じ情報を同期できます。

さ行

サイレントモード

電話やメールなどの着信時に、着信音やバイブレーションで通知しないようにする通知モードのことです。

初期化

スマートフォンの設定などをリセットすることです。アプリなどの設定だけを消去することや、何も設定されていない工場出荷状態に戻すことができます。なお、すべての設定とデータを削除すると、もとには戻せません。

ステータス

スマートフォン本体や、アプリの動作状態のことです。また、画面最上部の帯状の部分をステータスバーと呼びます。ここから、通知や現在の状態を表すステータスアイコンなどを確認できます。

ストレージ

写真やメールなどのデータやアプリなどを保存するために利用できる領域のことです。Androidスマートフォンでは、端末内のメモリやSDカードを指します。

た行

デフォルト

初期状態の設定のことです。スマートフォンやアプリを最初に起動して、何も変更をしていない状態を指します。

は行

フォルダ

アイコンをまとめて整理できる格納庫です。ホーム画面などのアイコンをまとめて収納することができます。多くのAndroidスマートフォンでは、Googleが提供するアプリが「Google」というフォルダにまとめられています。

ブラウザ

Webサイトを見るためのアプリです。Androidスマートフォンには、「ブラウザ」や「Chrome」といったアプリ名で、最初からインストールされています。

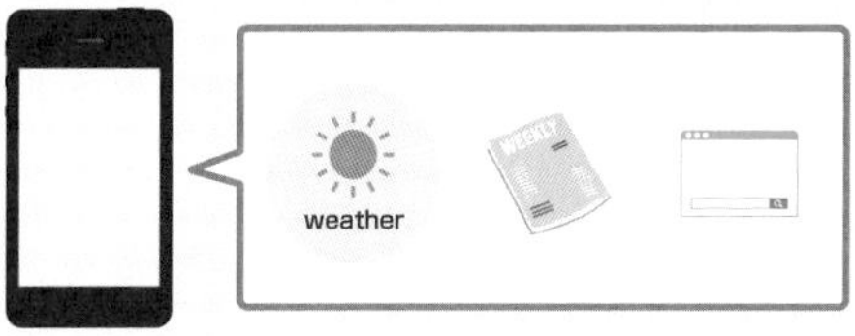

ま行

メモリ

アプリなどを使用しているときに一時的に利用する作業領域のことです。メモリの容量が大きいほど同時に処理できるデータ量やアプリの数に余裕ができます。

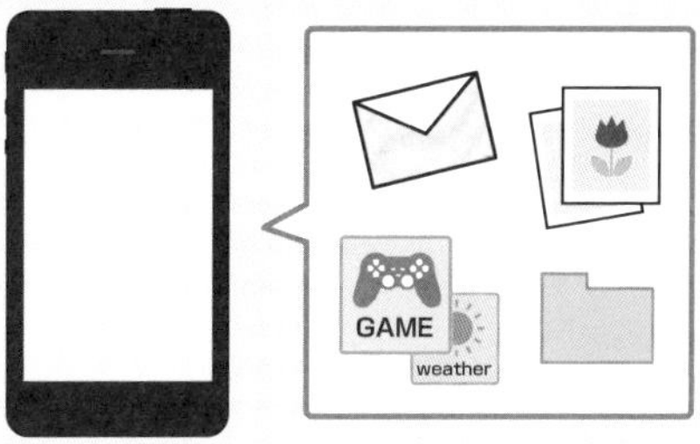

終わり

Index

た行

な行

は行

ま行

や行・ら行・わ行

著者

リンクアップ

本文デザイン・本文イラスト・DTP

リンクアップ

カバーイラスト

北川ともあき

カバーデザイン

田邉恵里香

編集

宮崎主哉

技術評論社ホームページ
URL　https://book.gihyo.jp/116

今《いま》すぐ使《つか》えるかんたん　ぜったいデキます!
スマートフォン超入門《ちょうにゅうもん》
Android《アンドロイド》対応版《たいおうばん》 [改訂《かいてい》第《だい》4版《はん》]

2017年9月7日　初版　第1刷発行
2023年9月7日　第4版　第1刷発行

著　者　リンクアップ
発行者　片岡　巌
発行所　株式会社技術評論社
東京都新宿区市谷左内町21-13
電話　03-3513-6150　販売促進部
03-3513-6160　書籍編集部
印刷／製本　大日本印刷株式会社

定価はカバーに表示してあります。

ISBN978-4-297-13621-5 C3055
Printed in Japan

問い合わせについて

本書に関するご質問については、本書に記載されている内容に関するもののみとさせていただきます。本書の内容と関係のないご質問につきましては、一切お答えできませんので、あらかじめご了承ください。また、電話でのご質問は受け付けておりませんので、必ずFAXか書面にて下記までお送りください。
なお、ご質問の際には、必ず以下の項目を明記していただきますよう、お願いいたします。

1. お名前
2. 返信先の住所またはFAX番号
3. 書名
4. 本書の該当ページ
5. ご使用のOSのバージョン
6. ご質問内容

FAX

1 お名前
技術　太郎
2 返信先の住所またはFAX番号
03-XXXX-XXXX
3 書名
今すぐ使えるかんたん
ぜったいデキます！
スマートフォン超入門
Android対応版［改訂第４版］
4 本書の該当ページ
163ページ
5 ご使用のOSのバージョン
Android 13
6 ご質問内容
Webページが
表示されない。

問い合わせ先

〒162-0846 東京都新宿区市谷左内町21-13
株式会社技術評論社 書籍編集部

「今すぐ使えるかんたん　ぜったいデキます!
スマートフォン超入門 Android対応版［改訂第4版］」質問係
FAX.03-3513-6167

なお、ご質問の際に記載いただいた個人情報は、ご質問の返答以外の目的には使用いたしません。また、ご質問の返答後は速やかに破棄させていただきます。